Berndt Fischbeck

Meine Bille

Von der Quelle bis zur Elbe

Entdeckung einer Idylle

Widmung

▶ „Ich widme dieses kleine Werk meiner Familie, allen Freunden und Bekannten, die sich so lange mit mir auf dieses Buch gefreut haben. Danke für eure Geduld. – Irgendwann wird nur die Erinnerung bleiben, doch das Wasser der Bille wird immer fließen.“

Die Bille im Sachsenwald.

ISBN 978-3-00-052285-7

Berndt Fischbeck,
Krabbenkamp 7 B, 21465 Reinbek

Text & Gestaltung, Fotos, Zeichnungen & Grafiken von Berndt Fischbeck soweit nicht anders angegeben.

Quellen:
Internetinhalte, die öffentlich zugänglich sind oder Sachbücher. Hinweise gehen aus dem Text hervor oder werden in Fußnoten benannt. Es ist möglich, dass Links nicht mehr erreichbar sind oder zwischenzeitlich geändert wurden.

Eines vorweg

▶ Mir ist aufgefallen, dass ich begeistert ins Erzählen kam, wenn ich das Interesse meiner Gesprächspartner am Thema Bille wecken konnte. Dann sprudelten aus mir die Worte ungebremst hervor, um bildhaft darzustellen, wie schön und interessant das Billeland sein kann.

Nun können Sie sich hier die Bilder in Ruhe ansehen und die kleinen passenden Geschichten dazu lesen. Sie werden erfahren, dass die Bille dieser Region ihren Stempel aufgedrückt hat. Den Bezug der manchmal kleinsten Gewässer zum Bille-Fluss habe ich für Sie herausgefunden, indem ich in die verwinkelsten Ecken ‚abgetaucht' bin. Das war gelegentlich ziemlich anstrengend, aber es hat sich gelohnt. Für mich sowieso und, wie ich hoffe, auch für Sie, indem Sie in diesem Buch einiges von dem wiederfinden, was unser gemeinsames Erlebnis Bille ausmacht.

Für Sie als Bille-Freund sollte der nächste Spaziergang am Billeufer vielleicht dazu dienen, das wiederzuentdecken, was ich Ihnen hier näherbringen möchte. Begleiten Sie mich entlang unserer Bille mit all ihren Nebenbächen durch 384 Seiten mit rund 550 Bildern und 200 kleinen Geschichten.

Ich wünsche Ihnen viel Freude bei der Lektüre,

Berndt Fischbeck

Inhalt

Winter an der Bille.

Waldbrettspiel oder
Laubfalter.

Gemeine Wildhimbeere.

Neben dem Billewanderweg.

Liebe Bille!

Ich muss realistisch bleiben, denn deine große Konkurrentin ist nun mal die Alster. Sie ist deine Schwester, fließt weiter westlich, ebenfalls zur großen Elbe hinunter. Und was unterscheidet euch? Seid ihr überhaupt zu vergleichen? Nun, es kommt auf den Standpunkt an – wie so oft im Leben!

Ich sehe meine Bille so ...

Der Autor, Berndt Fischbeck, 2014, auf Motivsuche an der Bille.

Foto: FRANZISKA KLOTZ

Alster & Bille, die ungleichen Schwestern

Hamburg, Alster, Rathaus.

„Grüne" Bille.

▶ Die Alster – der berühmte Nebenfluss der Elbe! In aller Munde, allen bekannt. Mitten in der Millionen-Metropole Hamburg gelegen. Das Sahnehäuptchen für Hamburgs Ambiente. Herrliche Parks an ihren Ufern. Imposante Kaufmannshäuser, Villen, Brücken, Gebäude modern oder altersschön. An ihren Gestaden tummelt sich die Jugend der Stadt. Die Alster, beständig im Fokus der bunten, rasanten Medienwelt, der Internet-Publikationen, von Zeitungen, Zeitschriften, Film, Funk & Fernsehen und des Kulturlebens.

Die Alster – sie schlängelt sich von Norden her in die Stadt, durch die Walddörfer. Dort fließt sie durch bevorzugtes Wohngebiet der Reichen und Schönen. Im Herzen der Stadt weitet sich der Fluss zu einem Binnensee. Hier ist sie das Segelrevier für Groß und Klein. Auf 7,4 Kilometer Länge können Jogger die Außenalster auf einem breiten Uferweg umrunden. Diese Piste dient ebenso als lange Promenade für Bürger, die sehen und gesehen werden wollen. Nicht weit davon Hotels und Nobelherbergen von Weltrang, Ruderklubs, Verlage, Versicherungen, Werbeagenturen, Architekturbüros. Die bevorzugte Wohnlage der Kaufleute und Industriellen.

Rund um die Alster hört der Tag nie auf. Nach der Arbeit treffen sich die Hamburger in den Cafés, in den vielen kleinen Straßen-Restaurants. Auf dem Wasser gleiten weiße Schwäne, die unter der Kennedy-Brücke (die nördliche, moderne, jüngere Brücke) und der Lombardsbrücke (die südliche, ältere Brücke) hindurch in die Binnenalster schwimmen. An ihren Uferstraßen – prominent gelegen – die großen Reedereien, Modehäuser, Reiseunternehmen, Anwaltskanzleien, Hotels und Einkaufspassagen.

Boote auf der Außenalster.

Binnenalster, Jungfernstieg.

Ständig im Blickpunkt: der Jungfernstieg! Die weltoffenste Promenade aller Promenaden schlechthin. Hier starten Alstervergnügen, Radrennen, Inline-Skater-Meisterschaften, Triathlon-Wettbewerbe und was die Hamburger noch so feiern und veranstalten können. Hier werden bunte Feuerwerke in den Himmel gezaubert, dass die Bürger sich daran erfreuen.

Auf ihrem letzten Fleet-Kilometer schlüpft die Schöne durch zwei Schleusen, der Bürgermeister der Stadt schaut von seinem Amtszimmer direkt auf eine hinunter. Banken, Verlags- und Kaufhäuser und wieder die schönsten Hotels begleiten auch hier ihren Weg. Ganz behäbig schließlich fließt ihr Wasser, welches 56 km des Weges von der Quelle bis hier hinter sich hat, in die Elbe. Und auch hier noch wird sie mit Glanz empfangen. Am Beginn der Speicherstadt, einem touristischen Glanzstück der Hansestadt, vereint sie sich mit dem Elbwasser, um von dort mit den großen Schiffen in die weite Welt zu gleiten.

Die Bille kommt ganz anders daher. Sie wird nebenbei erwähnt – in einem Lied: „An de Elbe, an de Alster un de Bill', dor kann jeder ener moken watt he will ..." Die Bille ist nur das Aschenputtel, die Alster die schöne Prinzessin. Die Elbe die Königin-Mutter. Der König sitzt in der großen Stadt, regiert und schaut auf seine beiden Töchter. Doch die Bille ist die bescheidene, die unscheinbare, schüchterne Tochter. Die Alster sonnt sich im Glanz der großen, glitzernden Stadt.

Am Anfang haben beide Schwestern eines gemeinsam. Ihre Quellen liegen im schönen Schleswig-Holstein. Die Alster kommt aus dem Kreis Segeberg, während die Bille im Kreis Herzogtum Lauenburg entspringt. Und da gibt es zuerst fast keine Unterschiede. Bin ich doch geneigt der Bille auf den ersten Kilometern ihres Daseins zuzugestehen, sie sei die Hübschere. Sie durchfließt eine sehr schöne Landschaft, ist dann schließlich Grenzbach. Am Rand des großen, fürstlichen Sachsenwaldes schwillt sie zum Fluss an. Schlängelt sich durch naturbelassene Landschaft, grüßt Mühlen und Schlösser auf dem Weg nach Hamburg. In Bergedorf erreicht sie das Stadtgebiet der Hansestadt. Damit ist ihr bisheriger fröhlicher Lebenslauf schon fast zu Ende. Am Bergedorfer Schloss findet sie ihre letzte große Beachtung.

Rapsfeld in Stormarn.

Von da an fristet sie ein mehr unscheinbares Dasein. Ein künstlicher Wasserweg leitet ihr Wasser in die Dove Elbe ab. Der ursprüngliche Lauf der Bille ist zugedeckt von der Neuzeit. Von Straßen, Bahndämmen, Gleisen, Gebäuden. Hatte sie noch wenige Kilometer weiter nördlich das Aussehen einer reizvollen Prinzessin, so ist sie jetzt wirklich das Aschenputtel.

Aus einem grauen Betonloch kommt sie noch einmal ans Licht. Der Mensch versucht, sie künstlich wiederzubeleben. Sie fließt geschwächt hinter Industriegebäuden und zwischen Schrebergärten hin zur Elbniederung. Mein Aschenputtel, meine Bille. Raff' dich auf! Wenige Kilometer weiter ist sie noch einmal wer. Ein Wanderweg ist ihr Begleiter. Sieh an! Das Wasser fließt etwas schneller. Sie lebt wieder. Schilf, Grün, Uferpflanzen, alles wieder da! Die Boberger Landschaft gibt ihr neue Kraft und sie lächelt schillernd in der Sonne. Im Billwerder Land winkt ihr St. Nikolai verträumt zu.

Links: Aus einem Regenwassersiel in Bergedorf, am Sander Damm, fließt jetzt die mittlere Bille.

Die Autobahn (A1) überquert die Bille am Wehr in Billwerder, das die mittlere Bille von der unteren Bille trennt.

Sie fließt unter dem nie endenden Lärm der Autobahn hindurch. Die letzten schönen Gärten links und rechts, dann folgt ein großer Bogen. Aber die Stadt lässt die Bille etwas seitlich liegen. Sie will nichts mit der grauen Tochter zu tun haben. Bei der Roten Brücke betritt sie das ungastliche Haus durch einen Nebeneingang. Industrie links und rechts. Wenig Grün. Autohupen. Nicht die Klänge der pulsierenden Großstadt wie sie die Alster im Herzen Hamburgs erlebt. Nein, hier ist die Luft angereichert vom Schweiß der Arbeitenden, von Ölgeruch, Industrie-Ausdünstungen aller Duftnoten. Sie ist inzwischen abgehärtet und gewinnt dieser unnatürlichen Umgebung noch etwas Positives ab. Kanal-ähnlich, breit, mächtig, mäandert sie am Geesthang entlang, ihrem Ziel, der Elbe entgegen.

Nicht der Lichterglanz ihrer Schwester Alster begleitet sie hier – es sind simple Farben: Die Rote Brücke zuerst, dann die Gelbe, die Blaue, die Braune, die Grüne und schließlich die Schwarze Brücke. Toll, sehr einfallsreich. Ein sehr einfacher Schmuck für eine Prinzessin. Ein letztes Mal gibt sie alles. Sie genießt den großen Bogen um die Billhuder Insel. Darf in hübsche Schrebergärten hineinschauen, die alle fein rausgeputzt sind. Hier sind die Menschen fröhlich, sie lieben die Bille und die Bille liebt sie. Es sind meist nicht die weltmännischen Bürger aus der Hamburger Innenstadt, hier verbringen die anderen Hamburger ihre Freizeit. Und sie beziehen ihre Bille mit ein. Hier wird gefeiert, gesungen, getanzt. Auf der Bille fahren Boote, sie ist wichtiger Bestandteil des Feierabend-Lebens der Menschen hier.

Schrebergärten an der Bille, Billhuder Insel.

Dann geht ihr Flussdasein ziemlich schnell seinem Ende entgegen. Ihre Schwester, die Alster, darf zwischen Segelbooten, Yachten, Barkassen und großen, weißen Schiffen in die Elbe treten. Unter besonderer Beachtung der Touristen und unter den Augen der Bürger an der ‚HafenCity'. Meine Bille gibt sich den letzten Kick an qualmenden Schloten neuer und vergangener Industrie vorbei. Fließt unter zwei breiten Straßen hindurch, die den lärmenden, stinkenden Autoverkehr morgens in die Stadt und abends wieder hinaus befördern. Sie hat die Nase voll. Und nun muss sie auch noch warten. An der alten Schleuse. Es dauert Stunden bis sie endlich in die Elbe entlassen wird. Wo sich ihr trübes Wasser mit dem des großen Stromes vermischt. Dort trifft sie nach wenigen hundert Metern ihre Schwester.

Brandshofer Schleuse.

Bist du, meine Bille, wirklich so ein hässlicher Fluss? Nein, natürlich nicht. Ein wenig Übertreibung ist in die vorangegangenen Zeilen wahrhaftig eingeflossen, der liebe Leser wird mir verzeihen. Es sind andere Facetten die strahlen und glitzern. Diese herauszustellen, sie zu zeigen, das will ich hier versuchen. Ich bin mit dem Fotoapparat unterwegs gewesen und zeige meine Freundin, die Bille, von ihrer schönsten Seite.

Kommt mit, wir entdecken die Bille

Ich lade euch ein. Gemeinsam wollen wir bei Spaziergängen, Radtouren und Wanderungen die verborgene oder manchmal weniger verborgene Idylle erkunden und genießen. Eine Idylle, die es bei genauerem Hinsehen wert ist, wiederentdeckt zu werden. Warum wiederentdeckt? Nun, schaut gleich mal auf die Seiten 20–21 und 26–27. Die Karten dort zeigen den Billelauf von der Quelle bis zur Elbe. Was wissen wir überhaupt von dem Fluss, der quasi täglich unser Begleiter ist? Ich denke, es muss ziemlich spannend sein, mit offenen Augen und Ohren sowie einer üppigen Portion Interesse loszuziehen.

Was ist so interessant an der Bille? Weshalb beschäftige ich mich mit diesem Fluss, der zur Elbe hinunter fließt. Um die Jahrtausendwende fand ich beim Stöbern im Internet einen Bericht über ein „Freiwilliges Ökologisches Jahr 1999/2000"* zum Thema Bille (siehe Abbildung unten). Hier hatte eine junge Frau, Astrid Albrecht, das Ergebnis ihrer Arbeit in der Umweltbehörde Hamburg – Fachamt für Umweltuntersuchungen – festgehalten und umfangreich dargestellt. Mein Interesse galt von da an dem gesamten Bille-Einzugsgebiet.

Als direkter Anwohner der Bille begann ich nun – erst nur gelegentlich, später immer häufiger – nach Informationen über die Bille Ausschau zu halten. Im Internet war das Angebot damals noch relativ gering. Nachschlagewerke gab es wenig bis gar nicht und wenn doch, dann fand die Bille nur als kurzer Abschnitt in einigen Ortsbeschreibungen statt. Als Ganzes wurde der Fluss kaum beschrieben.

Mein Enthusiasmus war anfangs sehr groß und bald füllten sich Hefter mit Material. Das Übrige ergab sich aus den unzähligen Fotos, die ich während meiner vielen Ausflüge und Spaziergänge schießen konnte. Ich entschied mich dann für die Buchform, um die Bille in ihrer bunten Gesamtheit in Bild und Text darzustellen. Und zwar aus meiner ganz persönlichen Sicht als naturverbundener Bewohner der Sachsenwald-Stadt Reinbek. Es wurde noch ein weiter Weg, doch ich wollte ihn gehen.

* Zu finden unter www.hamburg.de/contentblob/110246/data/bille.pdf

In den letzten fünfzehn Jahren habe ich in unterschiedlicher Intensität an dem Projekt gearbeitet und auch das Konzept mehrfach verändert. Nun aber, endlich – nach vielen Jahren – flogen die Finger wieder über die Tastatur, um das Projekt abzuschließen. Für alle, die mir auf den schönen Wegen entlang der Bille folgen wollen, stelle ich die Bille erst einmal vor: Sie hat ihren Namen, nach den Aufzeichnungen von Frau Albrecht, aus dem slawischen „Billa – Bilna – Bilne – Billena – Byllia“, was soviel wie „Weißwasser“ oder „weißes Wasser“ bedeutet. Bei Wikipedia steht slawisch biely = „weiß“, als Beispiel werden hier einige Flüsse in Tschechien, Polen und der Slowakei angeführt, die „Biela“ heißen. Vielleicht ein Hinweis dafür, dass das Gebiet um den Sachsenwald in der früheren Zeit möglicherweise slawisch besiedelt war.

Unsere Bille entspringt 65 Meter über dem Meeresspiegel bei der Ortschaft Linau im Kreis Herzogtum Lauenburg (Schleswig-Holstein) und erreicht nach 65 Kilometern die Elbe. 42 Kilometer davon ist die Bille Schleswig-Holsteinerin und der Rest geht an Hamburg. Durch die Brandshofer Schleuse hindurch schwappt das graue Wasser der Bille in den Oberhafen, einem östlichen Seitenarm der Elbe, der zur Hafencity und der Speicherstadt fließt. Übrigens, schiffbar ist sie heute von der Roten Brücke [> S. 370] bis zur Elbeinmündung, das sind rund 5 Kilometer bis zur Schleuse. Wie bei Frau Albrecht wird auch in anderen Beschreibungen die Bille als „Oberflächen-Sammelgewässer“ bezeichnet. Das bedeutet lediglich soviel, dass sich jeder kleine oder größere Graben mit Gefälle früher oder später indirekt oder direkt in die Bille ergießt. Dabei ist es egal, woher das Wasser kommt, denn die unzähligen Gräben und Rinnen fangen das Regenwasser auf und leiten es weiter. Ich kenne rund 40 Zuflüsse zur Bille, zu gleichen Teilen links- und rechtsseitig. Die größten seien hier zu nennen: Der Mühlenbach bei Trittau, die Corbeck bei Witzhave, die (Schwarze) Au von Schwarzenbek bis Aumühle, der Amelungsbach bei Wohltorf, die Kampbille vom Schleusengraben, die Glinder Au und der Schleemer Bach, letztere schon auf Hamburger Gebiet.

Winterliche Bille nahe Kuddewörde.

Quellen: www.wikipedia.org
und „Die Bille“ von Fr. Albrecht

Untere Bille: Freizeit neben Industrie.

Die Bille windet sich auf ihrer Fließstrecke um verschiedene Hügel im Gelände herum. Diese eiszeitlichen Überbleibsel waren ‚Geröllhaufen‘ oder Endmoränen und sind heute bewachsen. Das beginnt in der Hahnheide mit dem Hahnheider Berg (99 m), weiter mit der Granderheide (71 m), dem bis zu 60 m hohen Gelände des Sachsenwaldes, dem Klingeberg (59 m), der Grübben mit 49 Metern, und dem Bergedorfer Gehölz, das um die 50 Meter aufweist. In Bergedorf fließt die Bille über die Geestkante hinunter ins Marschland, das dann aber nur noch rund 2 Meter über dem Meeresspiegel liegt.

Ab Billbaum, gelegen zwischen Hohenfelde und Koberg, trennt die Bille als Grenze den Kreis Herzogtum Lauenburg und den Kreis Stormarn. Knapp 1,8 Kilometer bildet die Bille von Wentorf bis Bergedorf-Lohbrügge die Grenze zwischen Schleswig-Holstein (Region Südstormarn) und Hamburg. Von dort an befindet sie sich komplett auf Hamburger Gebiet. In den vergangenen Jahrhunderten wurde die Bille sehr häufig baulichen Eingriffen ausgesetzt. Manchmal war es eine neue Straße, die den natürlichen Lauf verdrängte. Dann wieder waren es entwässerungstechnische Erfordernisse, um Felder trockenzulegen. Auch der Bau der Bahnlinie nach Berlin hat auf den Billelauf Auswirkungen gehabt. Ich werde an passender Stelle darauf eingehen.

Das Einzugsgebiet umfasst laut Wikipedia 506 Quadratkilometer. Das Wasser innerhalb dieses Gebietes fließt über die Bille zur Elbe. An einigen Stellen liegen die Gewässer, die entweder zur Bille oder einem anderen Flusssystem abfließen ganz nah beieinander. Diese Wasserscheiden machen im Gelände nur wenige Höhenmeter aus, die wiederum den Ausschlag geben, ob das Wasser zum Bespiel zur Alster oder zur Bille fließt.

Bei Stellau beispielsweise fließen zwei Gräben westlich zur Wandse, die wiederum durch Rahlstedt und Wandsbek in die Eilbek übergeht, die zur Außenalster fließt. Östlich davon sammeln 3 Gräben Wasser für die Glinder Au. Die nach Süden/Südwesten fließt und die Bille bei Kirchsteinbek erreicht. Der Einfluss der Geländeformation auf den Wasserlauf der Bille und seiner Quell- und Zuflüsse ist im gesamten Billeland zu finden.

Ein weiterer Aspekt: Der Fluss ist in vielen Abschnitten direkt als Naturschutzgebiet ausgewiesen. Informationstafeln geben Auskunft darüber, welche ökologischen Bedingungen derzeit in, an der und um die Bille herum herrschen. Das Wasser tritt stellenweise ungehemmt über die Ufer, wodurch eine vielfältige Auenlandschaft entstanden ist. Das sieht für uns Spaziergänger oft etwas chaotisch aus, ist aber einzigartig durch die Naturbelassenheit. Der umgefallene Baum ‚vermodert' eben unangetastet auf der Stelle. So bleiben Morast und Überschwemmungsreste einfach liegen. Vieles wird schließlich übermoost und sumpfliebende Pflanzen gedeihen hier prächtig.

Die Brandshofer Schleuse an der ELBE in Hamburg.

Für mich bleibt festzuhalten: Die vorhandenen Bedingungen ermöglichen mir als Naturfreund den direkten Kontakt zu Fauna und Flora am Billeufer. Dort sehe ich den Eisvogel oder die Bachforelle, aber auch die Schlüsselblume oder die Sumpfdotterblume. Mein ‚Lieblingsfluss' gibt soviel her an Geschichten und Erlebnissen, dass ich sogleich fortfahren will, meine Erlebnisse an den Leser zu bringen. ■

Schlüsselblume

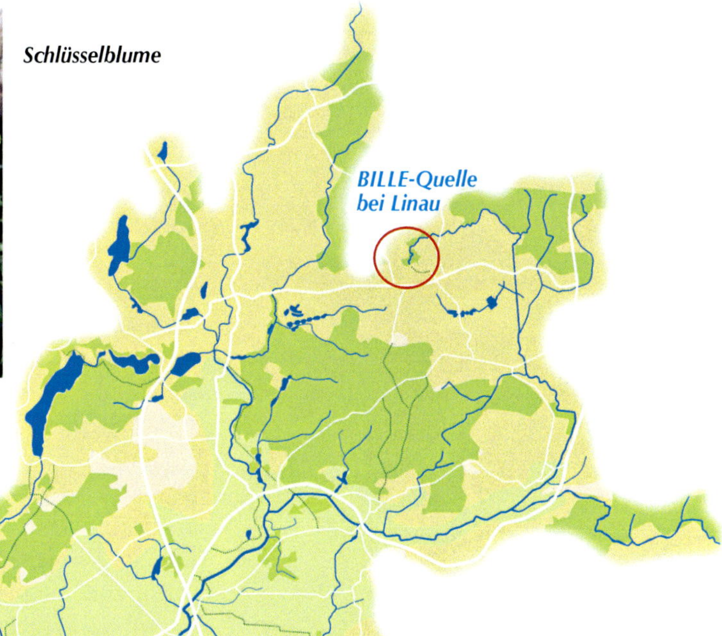

Der Kartenausschnitt entspricht etwa dem Einzugsgebiet und ist damit der Bereich für meine Exkursionen und Berichte.

Auwald

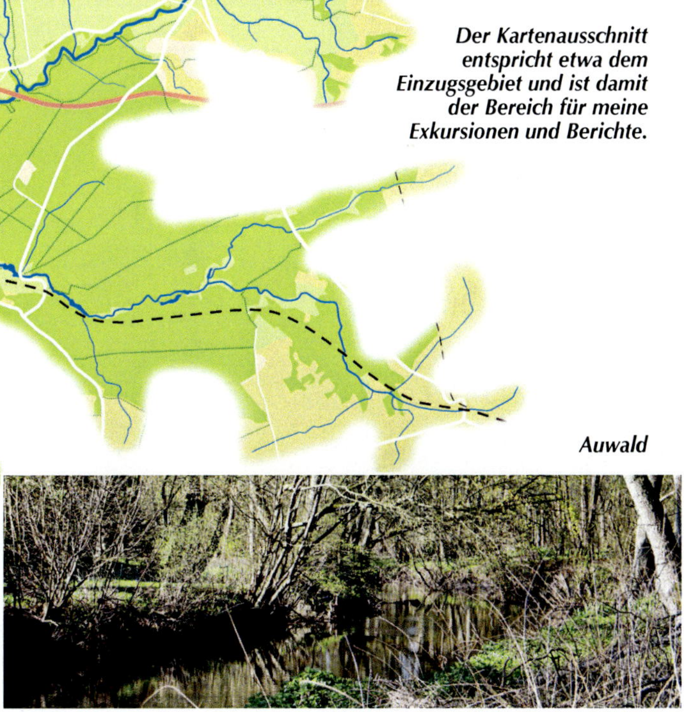

Wohnen – nicht weit vom Billeufer.

An der Bille zu Hause

▶ Während meiner zahlreichen Spaziergänge in und um den Krabbenkamp in Reinbek, stelle ich mit Freude immer wieder fest: Wir wohnen hier in einer schönen, naturumgebenen Wohnlage. Direkt am Sachsenwald, direkt an der Bille.

Wir bezogen unser Reihenhaus im Jahre 1980 in dem jungen Wohnareal. Die neuen Nachbarn waren supernett. Wir fanden uns schnell zurecht. Nicht zuletzt wegen der gleichgerichteten Interessen. Hier lebten überwiegend junge Familien, die ihre Zukunft gestalten wollten. Das gelang den meisten prächtig.

Die Bedingungen waren optimal. Es gab Spielplätze für die Kinder im hübsch angelegten Grünzug. Ideal: Der nahe Kindergarten am Alten Knick in Wohltorf gegenüber der Grundschule. Einkaufsmöglichkeiten im benachbarten Aumühle. Zur S-Bahn war es nicht weit, sie bot eine schnelle Anbindung an die Hamburger City. Verkehrsberuhigt die einzige Zufahrt in den Krabbenkamp.

Die Kinder wuchsen heran, besuchten die Schulen in Reinbek und Bergedorf. Damals entstandene Freundschaften existieren heute noch. Das Studium, die Berufsausbildung rief, die jungen Leute lösten sich allmählich aus dem Elternhaus. Aber bei jeder sich bietenden Gelegenheit kehren sie gern zurück, fühlen sich einfach wohl am Krabbenkamp. Erheblich zu diesem Wohlfühlfaktor hat die schöne Landschaft am Billelauf beigetragen.

Die Natur in unmittelbarer Nähe, im direkten Kontakt zu erleben und kennen zu lernen. Das prägt die Einstellung zur nahen Umwelt, öffnet den Blick für Details am Wegesrand. Und die wiederkehrenden Jahreszeiten mit ihren vielen Besonderheiten. Das alles wird wahrgenommen und bleibt im Gedächtnis. Wir sprechen häufig vom Urlaub vor der Haustür. Anders kann man es gar nicht bezeichnen. Wo der Großstädter weit fahren muss, befinden wir uns glücklicherweise mitten im Erholungsgebiet. ■

Enkel Frederik mit Oma an der Bille.

NatUrwald

Weite Strecken entlang der Bille sind purer Auenwald! Kein Mensch beeinflusst auch nur irgendetwas! Da liegen morsche Äste, abgeknickte Bäume und Gestrüpp umher, so wie der Wind oder das Wasser es dort hinbefördert haben. Oftmals komme ich als Spaziergänger gar nicht so nah heran. Das ist gut so! Die Bille soll so natürlich bleiben wie sie ist.

Reichlich Wasser in der Bille – am Ufer morsche Baumreste.

Einzugsgebiet der Bille

Es wirkt wie ein riesiges Entwässerungs-System. Die 65 km lange Bille wird gespeist von großen und kleinen Zuflüssen zwischen Trittau und Reinbek, selbst noch zwischen Bergedorf und Rotenburgsort auf Hamburger Gebiet. Das ablaufende Regenwasser rinnt ununterbrochen in diesen Fluss. Umgeben ist er von landwirtschaftlichen Flächen, von Wäldern, von Sumpf und Niederung, aber eben auch von Wohngebieten und Industrie. Am schönsten sind die Bereiche, wo die Bille Bestandteil von Naturschutzgebieten ist. In den naturbelassenen Auwäldern tummelt sich ungestört eine Vielfalt an Tieren – gedeihen und blühen Pflanzen.

SCHLESWIG
-HOLSTEIN
Schönau
Schönberg
Sandesneben
Sirksfelde
58
60
BILLE
Lütjensee
Lütjensee
Quelle
Linau
Grönwohld
Siek
Mönchteich
Hohenfelde
Koberg
94
Stenzerteich
Hahnheide
50
Großensee
Großensee
99
Köthel
Trittau
Schiebenitz
56
Mühlenbach
Hamfelde
Granderheide
71
Mühlenbek
Mühlenrade
Rausdorf
47
Dahmker
nshorst
Corbek
Grande
Kuddewörde
72
Fribek
Basthorst
Witzhave
Rotenbek
63
Kasseburg
A24
45
Möhnsen
LE
46
Sachsenwald
45
Havekost
Kammerbek
Friedrichsruh
44
45
Schwarze Au
Aumühle
hltorf
Schwarzenbek
Amelungsbach
62
Dassendorf
50
57
57
Brunstorf
Kröppelshagen
52
Hohenhorn
Escheburg
Worth
Grafik: Berndt Fischbeck
Diese Karte erhebt nicht den
Anspruch auf Vollständigkeit.
Sie dient nur zur Orientierung.

Die Bille fließt

▶ ... seit Tausenden von Jahren. Ich richte meinen Blick auf das kühle klare Wasser und frage mich: Wie hat das alles begonnen, wann ist die Bille entstanden? Was ist heute noch vom Flusslauf der Vorzeit übrig geblieben, wie hat sich das Gelände verändert? Ich werde demütig, wenn ich an die gewaltigen geologischen und klimatischen Umwälzungen denke. Schon weit vor Christi Geburt siedelten hier Menschen. Heute leben wir hier und ich denke, die Bille wird auch in ferner Zukunft wie eh und je am Rande des Sachsenwaldes dahinfließen. ■

Sonnenstrahlen reichen bis zum Grund der Bille.

Vom Acker entfernt, zum Feldrand geräumt: Findlinge, die vom dicken Eis aus Skandinavien zu uns getragen wurden.

Eine fiktive Zeitreise – Geburt der Bille

Ein sehr weiter Zeitsprung zurück: Gewaltige Eismassen ächzten über dem kahlen Untergrund Norddeutschlands. Sand, Geröll und Kies wurden platt gedrückt. Kein Sonnenlicht drang in die grau-weiß schimmernde Masse – und andauernd fiel frischer Schnee auf diesen überdimensionalen Gletscher, der von Nordeuropa nach Süden hinunter wuchs. Zeiträume, die nur schwer in unser Vorstellungsvermögen passen, vergingen, bis irgendwann eine Änderung eintrat. Unsere Region, das Gebiet von Friesland bis zum Erzgebirge, war nahezu komplett von einem dicken Eispanzer* überzogen, der von nun an allmählich abzuschmelzen begann. Das launenhafte Erdklima gönnte sich nämlich eine erneute Wandlung. Warme Sonnenstrahlen trafen vermehrt die Nordhalbkugel. Die Meeresströmung im Atlantischen Ozean nahm eine entscheidend andere Richtung – der Golfstrom entstand. Wenige Grad Erwärmung des Wassers bewirkten, dass relativ milde Luft über die dicke Eisschicht strich. Warmer Regen tat das Übrige: Vielerorts verschwand das Eis, der Untergrund lag frei. Das ehemals über Tausende Kilometer vom Eis herantransportierte Geröll, der Kies, der Sand und die dicken Granitsteine aus Skandinavien sanken zu Boden.

* Bei Wikipedia lese ich: Die Saale-Kaltzeit (-Eiszeit) bedeckte Nordeuropa von etwa 300.000 bis 130.000 vor unserer Zeitrechnung.

So könnte es gewesen sein: Wasserrinnen, ja Sturzbäche entstanden. Vom zentraleuropäischen Riesengebirge herunter in die norddeutsche Tiefebene bildete sich das Urstromtal der Elbe. Von Südost nach Nordwest flossen von dem zurückweichenden Eis die Schmelzwassermassen der Nordsee zu. Aus den Eisbrocken sickerte das kühle Nass durch Ritzen und Rinnen. Gurgeln und Glucksen hallte durch das unwegsame Gelände. Nebelschwaden hüllten die Landschaft in eine unwirkliche Szenerie.

Die gesammelten Wassermassen aus unzähligen Nebenflüssen speisten den breiten Urstrom. Die heutigen Vier- und Marschlande standen meterhoch unter Wasser. Die Urelbe strömte kraftvoll zum großen Ozean. Rechts und links türmten sich hinterlassene Reste der Eiszeit beidseitig zur mächtigen ‚Geestkante' auf und bildeten die Ufer. Unter dem Eis entstanden Rinnsale, die hier wie überall zur Tiefebene, zum Urstromtal der Elbe flossen. Viel Sand und Kies versperrte den Weg, das Wasser war mächtiger: es schubste und spülte sich den Weg frei.

Die Geest entstand, ebenso Moränen, durchzogen von Furchen und Rinnen. Unter dem zurückweichenden Eis hatte das Schmelzwasser die „Ur-Bille" angelegt. Aus dem Quellgebiet, aus dem das Eis inzwischen fast verschwunden war, suchte sie sich den Weg hinunter zum Elbstrom.

Eis und Wasser formten mit unglaublicher Kraft die Landschaft.

Die Seen in der heutigen Stormarner Schweiz bestanden noch lange aus übrig gebliebenem Eis. Der Höhenunterschied zum Meeresspiegel ist rund 65 Meter. Die Bille umschlängelte landschaftliche Verwerfungen, die ‚im Wege standen‘ und suchte sich einen Durchschlupf zur Elbe. Sie ergoss sich zu der Zeit wahrscheinlich in den nördlichsten Seitenarm (heute in den Vierlanden etwa bei der Brookwetterung), der unterhalb der Geestkante entlang floss.

Die Wassermassen der späteren Elbe flossen ab, der Pegel sank. Starke Winde wehten den nackten, freiliegenden Sand zu Dünen auf. Die dann freiliegende Marsch durchzogen nur noch die heutige Dove Elbe und die Gose Elbe. Deren Flussbett verlor später durch Eindeichungen immer mehr an Bedeutung. Die Elbe machte einen weiten südlichen Bogen um das Gebiet. Zurück blieben die Marschlande mit ihrem fruchtbaren Boden.

Ein langwieriger Prozess, der so – hier wie überall – über Tausende von Jahren andauerte. Die Flora und Fauna kehrte in die Region zurück. Vermutlich siedelten sich Moose, kleine Birken oder flach wachsende Pflanzen zuerst an. Durch das relativ milde Klima begünstigt entstand bald eine üppige Vegetation. Unberührte Natur für einen unvorstellbar langen Zeitraum.

Die ersten Menschen folgten dem Rentier, durchstreiften die Region, fanden schützende Wälder, fruchtbares Land, die Bille als fließendes Gewässer, umgeben von vielen Seen und Teichen. Mit dem Sesshaftwerden der ersten Siedler gingen viele Veränderungen einher. Das Wasser wurde gestaut, Mühlen wurden gebaut. Der Billelauf wurde von Menschenhand den Erfordernissen angepasst. Straßen, Bahnlinien und Industrieansiedlungen beeinflussten die Gestalt unserer Bille bis in die heutigen Tage.

Graureiher

Aber was kann der Mensch schon ausrichten? Gemessen an den Urkräften der Naturgewalten, von Eis, Regen, Sturm und Sonne, Wind und Wetter. Gemessen an der verstrichenen Zeit sind wir nur eine Episode, mehr nicht. Heute wird die Bille wieder schonender behandelt: Naturschutzgebiete, Landschaftsschutzgebiete, ausgewiesene Schutzzonen, Renaturierungsmaßnahmen – irgendwann musste das schlechte Gewissen ja schlagen. Zum ökologischen Wohl unserer Heimat.

Die Frühjahrs-Bille am Billenkamp in Aumühle.

Menschen- und Naturrecht in Stein gemeißelt.

Wasser – Quelle des Lebens

▶ Eingemeißelt in den Stein am Weg zur Ellerholdebrücke zwischen Aumühle und dem Krabbenkamp lese ich diesen Spruch. Täglich passieren viele Anwohner diesen denkwürdigen Ort und der tiefere Sinn erschließt sich uns Menschen schon beim nächsten Regenschauer. Der große Lebenskreislauf gilt auch hier und ist an der Bille häufig zu spüren. Wir sehen die dicken grauen Wolken von Westen heranziehen, die den Regen mitbringen. Wenn es dann und wann richtig kräftig herunterplattert, muss das meiste Wasser wieder zum Meer zurück. Viele Wege führen zum großen Ozean und einer beginnt mit unserer Bille. Die Landschaft ist durchtränkt vom Nass und spendet Pflanzen, Tieren und Menschen das lebenswichtige, feuchte Element.

Das Einzugsgebiet der Bille erstreckt sich über Südstormarn, das angrenzende Lauenburger Land, östliche Stadtteile Hamburgs und einen Teil der nördlichen Vier- und Marschlande. Die Bille erhält ihr Wasser über Niederschläge, die meist als Oberflächen-Sammelgewässer über Rinnsale und viele Zuflüsse aus den beschriebenen Bereichen zusammenfließen.

Die wichtigsten Zuflüsse: Der Mühlenbach bei Trittau, die Corbeck bei Witzhave, die Schwarze Au, die durch den Sachsenwald von Schwarzenbek herüber zur Bille fließt. Im weiteren Verlauf erhält der Fluss Wasser aus dem Amelungsbach in Wohltorf, der Kampbille in Bergedorf vom Schleusengraben her, der Glinder Au, die aus Südstormarn nach Hamburg fließt und dem Schleemer Bach, der über Öjendorf kommt.

Natürlich gibt es weitere, eher unscheinbarere Zuflüsse, die nach starken Regenfällen Mengen von Wasser heranbringen, die schließlich die Bille über ihre Ufer treten lässt. Besonders im Frühjahr ist es ein ergreifendes Schauspiel, wenn das Wasser mit starker Strömung knapp unter den Brücken hindurch dahinschießt. Die Uferbereiche sind quatschnass, leicht modriger Geruch breitet sich aus, moosbewachsene umgestürzte Baumstämme saugen die Feuchtigkeit wie Schwämme auf.

Auch wenn der Sommer da ist, versiegt diese ‚Quelle des Lebens' nie. Grundwasser tritt aus den Hängen, bildet viele kleine Rinnsale, die den Fluss als kalte Quellen mit Wasser speisen. Immerwährend fließt das lebenspendende nasse Element dahin. Die Pflanzen am Ufer, die Fische im Wasser, selbst die Vögel in den Zweigen über dem Wasser und schließlich der Mensch, der sich daran erfreut, leben von unserer Bille.

Regenwasser sammelt sich auf dem Waldweg.

Der Autor am Billeufer: Kein Spaziergang ohne die Kamera.

Bille-Momente festhalten

▶ Mit der Kamera im Anschlag durchstreife ich die Billeauen. Eine Fülle von herrlichen Motiven und Momenten warten darauf digital festgehalten zu werden. Dabei spielt es kaum eine Rolle, ob die Sonne scheint oder feuchtes Unterholz die Wege glitschig machen. Seit dem Jahr 2000 fotografierte ich für dieses Buch. Weit über 12.000 Bilder haben sich in meinem Archiv angesammelt. Da fällt die Auswahl manchmal schwer. Dennoch müssen gelegentlich einige Motive neu eingefangen werden. Die Umgebung an der Bille wandelt sich ständig.

Anfangs war die kleine, handliche Pocketkamera „Ixus" von Canon immer in Griffweite. Heute bietet mir die ‚große' Canon-Spiegelreflexkamera EOS 550D viele zusätzliche Funktionen, um gute Bilder zu schießen. Am heimischen ‚Apple iMac' optimiere ich das Bildmaterial im Fotobearbeitungsprogramm weiter. Zum Gestalten der Seiten verwende ich ein professionelles Layout- und für die Grafiken ein gutes Illustrationsprogramm.

So füllt mich mein Hobby, Fotografieren, Recherchieren, Schreiben und Gestalten, sehr aus. Immer das Ziel vor Augen, irgendwann dieses Buch zu vollenden. ■

Das fängt ja gut an!

Wie hier an der Fürstenbrücke sieht es in jedem neuen Frühjahr wieder aus!! Wer von den Bille-Anrainern kennt es nicht, wenn das Wasser im Fluss anschwillt und so mancher Weg unpassierbar wird. Damit kündigt sich das nahende Frühjahr an – nur, wir müssen oft sehr geduldig sein.

Auslaufzonen am Billeufer nehmen große Wassermengen auf.

Regen aus Nordwest zieht heran.

Das Hochwasser ist da!

▶ Sehr häufig schon habe ich an der Billebrücke zwischen Wohltorf und Niemanns Gasthof gestanden und konnte nicht weiter gehen. In der grauen, kalten Jahreszeit, wenn die Schneeschmelze einsetzt und dazu der Nordwestwind reichlich Regen bringt, folgt ein paar Stunden später das Hochwasser.

Dann schwillt die Bille von einem sonst eher beschaulich dahin fließenden Flüsschen zu einem fast schon reißenden Strom an. Von allen Seiten, von den Feldern, aus den Wäldern bringt jeder kleine Graben, jedes Rinnsal Wasser heran und sucht sich den tiefsten Punkt: die Bille. Sie nimmt Liter um Liter, Hektoliter um Hektoliter auf und steigt binnen weniger Stunden um bis zu zwei Meter an. Das ist gewaltig. Die Uferbereiche werden überflutet und die vordem 6 bis 10 Meter breite Bille wird dann bis zu 80 oder 100 Meter breit.

Da wird dann so mancher Uferweg unpassierbar. Hoppla, hier geht's nicht weiter – leider umkehren. Die hier an der Bille wohnen wissen das. Deshalb

ist es gar nicht schlimm. Im Gegenteil: Die Sedimente, die sich absetzen bringen Fruchtbarkeit für die nächste Vegetationsperiode mit. Im Frühjahr sprießt es dann im Auenwald. Herrlich!

Diese Jahreszeit bringt natürlich den Vorteil mit sich, dass die Sicht nicht eingeschränkt wird wie durch den dichten Sommer-Blätterwald. Die winterkahlen Bäume und Büsche geben den Blick frei auf Brücken und Gebäude auf Uferbereiche und Landschaftsformen. Jetzt sehe ich endlich mal, was sich hinter dem sonst hohen Ufer-Schilf befindet. Im Winter wird das Grün des Jahres vom tristen Grau in allen Schattierungen bestimmt. Farbtupfer sind dann nur die bräunlichen abgestorbenen Blätter der Rotbuche oder der immergrüne Efeu.

Die Gedanken gehen dann ein paar Wochen voraus und ich weiß, dann wird sich die Natur zu wallendem Grün wandeln. Ich übe mich in Geduld und genieße die Spaziergänge über die weichen, feuchten Waldböden, die teilweise sehr matschigen Ufer- und Feldwege, entlang meiner lieben Bille.

Wasser tritt über das Ufer und überschwemmt die natürlichen Auslaufzonen.

Die ersten Monate des Jahres bringen in der Regel kräftige West- und Nordwest-Stürme in unsere Region. Mancher Baum, morsch oder nicht, wird Opfer der zerrenden Windgewalt. Wieder und wieder werden dann stolze Fichten, Birken, Eichen mitsamt des Wurzelwerks aus dem Boden gerissen. Große abgebrochene Äste liegen plötzlich auf gewohnten Wegen.

Auf diese Weise verändert sich unsere Bille-Umgebung jedes Jahr aufs Neue. Es ist unglaublich, wie sich die Natur ohne Einwirken des Menschen und seiner Maschinen ihr Reich schafft. Neue Lebensformen entstehen: zum Beispiel setzen sich die dicken Zunderpilze im Nu auf die abgestorbenen Stämme. Verschiedene Moosarten überdecken nach kurzer Zeit die umgestürzten Bäume. Das braune Laub, die Nadeln des Vorjahres bilden ein weiches Bett am Boden des Waldes. ■

Zunderpilz

Baumsturz in die Bille!

Hurra! Ein unbekannter Spaziergänger hat seiner Freude über die erwachende Natur im Bille-Auenwald eine Gestalt gegeben.

Die ganze Bille

▶ Ich glaube, hier ist es jetzt angebracht, eine zusammenfassende Kurzreise von der Quelle bis zur Elbe zu unternehmen, bevor ich im weiteren Verlauf des Buches auf viele, viele schöne Aspekte gesondert eingehe. Wer will, kann sich dann die Rosinen herauspicken, die sie oder ihn besonders interessieren, um meinen Lieblingsfluss direkt und zügig kennenzulernen.

Die größte Bekanntheit erhielt der Ort Linau im Kreis Herzogtum Lauenburg in den letzten Jahren hauptsächlich durch „Ankes Trachtengalerie“. Wenige Hundert Meter weiter im Wäldchen hinter der zusammengefallenen Ritterburg tröpfelt die Bille aus dem laubbedeckten Morast. Im weiten nordöstlichen Bogen verlässt sie ihren Geburtsort und durchfließt zuerst als „Graben“ das Linauer und Koberger Moor. Koberg liegt etwas östlich, gibt aber dem Moor seinen Namen. Hier floss vor vielen Jahren die „Alte Bille“ bevor die Menschen den Lauf der Bille ein wenig korrigierten. Wie am Lineal gezogen unterquert mein „Graben“ die Kreisstraße 10, um bei Billbaum zum Grenzfluss zu werden.

Grenzfluss? Genau, von Billbaum zwischen Hohenfelde und Koberg bis nach Hamburg-Bergedorf markiert die Bille die Grenze zwischen den beiden schleswig-holsteinischen Kreisen Stormarn und dem Herzogtum Lauenburg. Hinter Billbaum beschreibt das jetzt anschwellende Gewässer einen weiten Bogen südlich und dann westlich um das Naturschutzgebiet Hahnheide. Vorbei an den kleinen Orten Köthel, Mühlenrade und Hamfelde.

Bei Trittau ändert die Bille ihre Richtung und fließt gemächlich in südwestlicher Richtung bis nach Grande, Kuddewörde, Rotenbek. Zu erwähnen sind die kräftigen Zuflüsse, als da wären die Schiebenitz hinter Mühlenrade, die Mühlenbek bei Hamfelde, der Mühlenbach bei Trittau, der viel Wasser heranführt, und die Fribek, die von Kasseburg herüberfließt. Deshalb wandelt sich die Bille nun vom Bach zum kleinen Fluss.

Dieser alte Grenzstein bei Billbaum ist ein Relikt aus einer Zeit als hier der Zollbaum zum ‚Amt Ratzeburg' platziert war.

Die Grander Mühle wurde bis zu ihrer Stilllegung vom Wasser der Bille betrieben, das sich hinter dem hier befindlichen Wehr staute. Ab der Grander Mühle wird die Bille für Kanus befahrbar. Bei Rotenbek beginnt das Naturschutzgebiet „Billetal". Direkt am Sachsenwald entlang schlängelt sich die Bille, eingefasst von einer wilden Auenlandschaft. Der Sachsenwald bildet an vielen Stellen eine hohe Kante, auf deren Höhe viele interessante Wanderwege verlaufen. Auf halbem Weg nach Aumühle speist die Corbek mit ihrem Wasser von Norden her die Bille.

Bei der „Bismarck-Quelle" knickt die Bille nach Aumühle ab und vereinigt sich mit der Schwarzen Au. Diese hat schon einen weiten Weg quer durch den Sachsenwald von Schwarzenbek herüber hinter sich. Am Mühlenteich wird die Schwarze Au aufgestaut und fließt nach dem Wehr zweihundert Meter westlich in die Bille. Hier ist es nicht weit zur S-Bahnstation Aumühle und deshalb kommen viele Großstädter gern zum Spazieren und Wandern an der Bille und im Sachsenwald hierher.

Die Bahnlinie Hamburg–Berlin und die Bille streben vorbei am Krabbenkamp, an Wohltorf, dem Reinbeker Mühlenteich und Wentorf bis nach Bergedorf. Die S- und Fernbahn überbrücken achtmal meine Bille [> S. 276], die sich durch das Billetal nach Bergedorf windet.

Die Bille und der Wanderweg führen unter der Bahnbrücke am Augustinum bei Aumühle hindurch.

In Bergedorf erlitt die Bille ihre stärksten Schicksalsschläge, wo sie im 15. Jahrhundert zugunsten wirtschaftlicher Erfordernisse einfach gekappt und verlegt wurde [> S. 314]. Den Rest gab ihr im 19. Jahrhundert der Bau der Bahnlinie nach Berlin, in deren Verlauf die ursprüngliche Bille zugeschüttet wurde.

Also, wenn ich heute auf dem Bergedorfer Bahnhof stehe, dann wird mir bewusst, dass an dieser Stelle einstmals die Bille von der Geest herunter über einen Steilhang in die Marsch floss. Danach verlief sie weiter als – allerdings nur teilweise – schiffbarer Fluss, südlich vorbei an Lohbrügge und Boberg. Heute erhält sie anfangs aus der Kampbille, dann bei der Umrundung der Boberger Dünen und dem Naturschutzgebiet am Segelfluggelände ihr lebenspendendes Wasser aus Entwässerungsgräben von den Marschenfeldern.

Südlich von Kirchsteinbek und Billstedt fließen die Glinder Au und der Schleemer Bach mit viel Wasser von Norden her in die Bille. Ab der Roten Brücke ist sie dann schiffbar. Nachdem sie die Autobahn A1 unterquert hat ist sie durch die Hamburger Stadtteile Billbrook bis Billwerder Ausschlag und Rothenburgsort ein reiner Industriefluss. Einzig auf der Billhuder Insel, die von der Bille nördlich umrundet wird, gibt es noch so etwas wie Freizeit und Erholung in den dortigen Schrebergärten.

In den Marschlanden: Blick von der Boberger Seite zum Billwerder Billdeich.

Bei Kilometer 65, der Brandshofer Schleuse, endet die Bille heute. 42 Kilometer ist sie durch Schleswig-Holstein geflossen, den restlichen Weg legt sie dann auf Hamburger Gebiet zurück.

So schnell lässt sich allerdings die Bille-Geschichte nicht erzählen. Das wäre viel zu einfach. Warum ist nun die Bille mein Lieblingsfluss? Das wird ab jetzt das Thema sein. Mit dem Fahrrad, der Bahn und zu Fuß mache ich mich, gemeinsam mit Ihnen, dem interessierten Leser, auf den Weg, um vielfältige Geschichten an der Bille aufzuspüren.

Der Einstimmung soll es jetzt genug sein. Ich habe festgestellt, dass die Bille mit ihren schönen Seiten nicht im Schatten ihrer Schwester, der Alster stehen muss. Es ist einfach herrlich am Ufer der Bille zu wohnen. Sie bietet ein schier unerschöpfliches Areal zum Entdecken und Kennenlernen. Viele Sehenswürdigkeiten befinden sich in ihrer unmittelbaren Nähe.

Besuchen Sie mit mir gemeinsam einige von ihnen. Wir werden geschichtliche Hintergründe andeuten oder streifen. Ich werde mich bemühen, die Bille nicht aus dem Auge zu verlieren. Wichtig ist, wir kehren immer wieder an ihre Ufer zurück. Lehnen Sie sich zurück, stellen Sie sich das zarte Geräusch von plätscherndem Wasser vor.

Wichtig:
Das Schild markiert den Austritt der Quelle am Waldboden.

Die Quelle sprudelt

Das ist natürlich maßlos übertrieben. Nördlich des Sachsenwaldes, sogar nördlich der Hahnheide und dort wiederum unter dem schützenden Blätterwald starker Buchen, kriecht ein kleines Rinnsal aus dem laubbedeckten Boden. Alles ist feucht drum herum und es bleibt auch ständig feucht. Hier startet die Bille ihr Dasein. Sie bekommt auf ihrem weiteren Weg viel Wasser geschenkt. Sie wird ein beachtlicher Fluss – na ja –, sie wird „meine Bille“, die ich eben gern habe.

Eingebettet in Rapsgelb und Buchengrün – die „Bille-Quelle“.

Auf zur Bille-Quelle

▶ Um heute zur Bille-Quelle zu gelangen schwinge ich mich erneut aufs Fahrrad. Ein sonniger Tag im Mai. Die Luft hat nach dem kühlen Frühling schon eine angenehme Wärme. Die brauche ich auch, denn für diese Tour habe ich den gesamten Tag eingeplant. Von Reinbek-Krabbenkamp nach Linau sind es rund 22 Kilometer und die muss ich ja auch wieder zurück. Etwas Proviant im Rucksack für den Notfall. Einkehren könnte ich unterwegs natürlich auch. Da bieten sich genug Möglichkeiten.

Die Hinfahrt verläuft zügig. Vom Krabbenkamp aus fahre ich zum Mühlenteich in Aumühle. Von dort über die Lindenallee quer durch den Sachsenwald Richtung Witzhaver Viert. Kurz hinter dem Witzhaver Viert rüttelt mein Rad durch die Unterführung der A24 und bald bin ich in Rotenbek. Ich lasse links die Grander Mühle liegen, die ich extra besuchen und beschreiben werde. Schnurstracks fahre ich durch Kuddewörde nach Hamfelde.

Dort wechsele ich von Hamfelde im Kreis Herzogtum Lauenburg über die Landstraße L220 nach Hamfelde in Stormarn. Genau hier, unter der Straße hindurch führt die Bille. Sie fließt schon ganz kräftig in ihrem Bett, aber in den Sommermonaten wächst das Ufer dermaßen zu, dass sie kaum zu sehen ist. Ich will aber vorankommen, deshalb trete ich mit kleinerem Gang in die Pedalen, weil das Gelände jetzt ansteigt. Am Hasenberg geht es in den Wald der Hahnheide. Den 99 m hohen Hahnheider Berg mit seinem Aussichtsturm nehme ich mir später als Ziel vor. Das Radfahren ist hier anstrengend.

In dieser „Billequelle" sprudelt das Bier.

Bald stoße ich auf den Hohenfelder Damm, dem ich nach Nordosten folge. Beim Gasthof Stahmer verlasse ich das Waldgebiet und nun fährt es sich auch wieder leichter auf dem Asphalt der wenig befahrenen Straße nach Linau. Am Löschwasserteich bei den Vogelfängerkaten biege ich nach Norden ab. Nun ist es nicht mehr weit nach Linau. Die Straße hat hier den populären Namen „Dorfstraße".

Links und rechts erstrecken sich Fischteiche ins flache Gelände. Dann springt mir überraschend „Zur Billequelle" ins Auge. Das ist eine Gaststätte, die sinnigerweise hier in Linau diesen Namen trägt. Es kann ja nicht mehr weit sein. Bei meinem ersten Besuch des Ortes Linau musste ich mich zur Quelle durchfragen. Es wurde mir damals sehr freundlich geholfen. Heute kenne ich den Weg dorthin. Die Dorfstraße kreuzt die Hauptstraße und nach wenigen Metern ist Schluss. Ich stehe vor dem Wegweiser zur Bille-Quelle und der Burg Linau. Eingerechnet einige Fotostopps und Steigungen in der Hahnheide brauchte ich bis hierher gut zwei Stunden.

Beim ersten Mal bin ich vorsichtig den ausgeschilderten Weg gegangen. Das archäologische Denkmal (Mittelalterliche Burg aus dem 13./14. Jahrhundert) war auf dem ersten Blick gar nicht zu erkennen. Bei genauerem Hinsehen entdeckte ich dicke Findlinge, die damals wohl als Baumaterial gedient hatten [> S. 52].

Diesmal schritt ich mutig seitlich über den Hof des landwirtschaftlichen Betriebes, um über den betonierten Wirtschaftsweg direkt zum Wäldchen mit der Bille-Quelle zu gelangen.

Gute Hinweis-Schilder und ein markanter Stein mit Inschrift machen das Auffinden der Bille-Quelle in der Feldmark leichter.

Ich kann es gar nicht verfehlen. Unter den Schatten spendenden Blättern der Rotbuchen bin ich wenige Meter hinter dem Stein da. Ich bleibe ehrfürchtig stehen und betrachte mir die „Bille-Quelle“. Nun, es ist kaum zu erkennen, dass da Wasser aus dem Erdreich zu Tage tritt. Aber mit etwas gutem Willen und Geduld bemerke ich, wie sich das Wasser ganz leicht kräuselt. Schon einige Meter weiter ist eine kleine Wasserfläche auszumachen, die sich weiter Richtung Weg erstreckt. Am Weg ist dann bereits ein kleiner Graben zu erkennen, der deutlich Wasser führt.

Aus der Umgebung sickert weiteres Wasser heran und speist die noch ganz junge Bille mit dem belebenden Nass. Von hier macht sie einen nördlichen Bogen um Linau und schlängelt sich durch das Gelände des Linauer und Koberger Moores. Dorthin werde ich bald eine Radtour machen. Denn ich weiß, dass es von dort viel zu entdecken und zu erzählen gibt.

Seitdem irgendwann festgelegt wurde, dass die Bille hier entspringt nimmt der Bekanntheitsgrad des Ortes Linau zu. Die Bille-Anrainer, die weiter südlich wohnen, werden mit Feilberg, Bollweg, Flachsröte und den Vogelfängerkaten erstmal gar nichts anfangen können. Es sind Teile des Ortes, besser der Gemeinde Linau im Kreis Herzogtum Lauenburg, die nördlich der Hahnheide, einem großen Naturschutzgebiet, liegt. Die Gemeinde gehört zum Amt Sandesneben und damit zum Kreis Herzogtum Lauenburg.

Bekannt ist Linau unter anderem durch „Ankes Trachtengalerie“, dem Textilkaufhaus auf dem Lande. Beim Vorbeiradeln oder -wandern ist es nicht zu übersehen. Die Gemeinde hat rund 1200 Einwohner. Für Ausflügler gibt es Einkehrmöglichkeiten, unter anderen den „Linauer Hof“ im Gemeindezentrum Feilberg, Westphals Gasthof „Zur Billequelle“ an der Dorfstraße und die „Teichperle“ als beliebter Einkehrtreff für die Angelfreunde der nahegelegenen Fischteiche querab zur Bille-Quelle und den historischen Steinen der Burg Linau.

Heute allerdings muss ich bald an die Rückkehr denken. Ich schiebe mein Rad ein paar Meter weiter zur „Linau-Burg“, um wenigstens kurz auf den Burghügel zu klettern. Es gibt einen Verein „Interessengemeinschaft Kulturdenkmal Burg Linau e.V.“ (www.burg-linau.de), der sich um die Burg-Reste rührend kümmert. Vor meinen Augen bilden die herumliegenden Findlinge eine starke Burg-Mauer und ich stelle mir die Geschehnisse der damaligen Ritterzeit vor. ■

Lange war nicht sicher, wo genau die Bille-Quelle zu finden sei. Experten legten es schließlich fest und haben diesen belaubten Waldboden bei Linau dazu bestimmt.

Burg Linau – ehemaliges Räubernest?

▶ Es ist für einen Moment, als wäre ich ins Mittelalter zurückversetzt. Wird die Billequelle immer noch von den Geistern der ehemaligen Ritter dieser Festung „bewacht"? Der Besucher wird aufgeklärt durch den Text auf der Tafel „Archäologisches Denkmal", welches die Gemeinde aufgestellt hat:

„Dreiteilige mittelalterliche Burg. Auf dem mittleren Hügel, der Hauptberg (Durchmesser etwa 50 m), Reste eines Rundturmes mit 3 Meter dicken Mauern. – Eine Burg ‚Linowe' wurde 1291 erstmals erwähnt. Damals war die als ‚Räubernest' bezeichnete Anlage im Besitz der streitbaren Adelsfamilie Scharffenberg und wurde zerstört. Möglicherweise handelte es sich dabei um den ‚Schlossberg' bei Linau-Oberteich. Nach der Wiedererrichtung hier an dieser Stelle (1308) verließen die Scharffenbergs 1345 die Burg, eroberten sie aber 1346 zurück und befehdeten wieder das Land. Durch ein Bündnis des Herzogs von Lauenburg, der Grafen von Holstein und Schauenburg sowie Hamburgs und Lübecks wurden sie 1349 nach dreiwöchiger Belagerung endgültig vertrieben."

Wie aus dem Findbuch* der Gemeinde Linau zu entnehmen ist, blieben die Scharffenbergs vorläufig in Linau ansässig. Lüdecke von Scharffenberg verpfändete erst den Hof zu Linow, um ihn dann schließlich 1471 an Herzog Johann IV. samt Dorf Wentorf und Feldmark Ekenhorst (heute Amt Sandesneben) zu verkaufen. ■

*Laut www.wikipedia.org auch Repertorium genannt, ist ein Verzeichnis von Archivalien.

Von der Brücke aus gut zu sehen: Die Begradigung der Bille zwischen dem Quell-Ort Linau und dem Nachbarort Koberg.

Der Billelauf, wie am Lineal gezogen

▶ Die eng zusammenhängenden Moorgebiete zwischen Linau und Koberg führen der noch jungen Bille viel Wasser zu. Mit dem Rad ist die Gegend gut zu erkunden. Ich verlasse Linau ostwärts auf der Kreisstraße 10 Richtung Koberg. Nach eineinhalb Kilometern stoppe ich an der ersten „richtigen" Brücke, die über die Bille führt. Hier ist sie noch ein Graben aber immerhin deutlich zu erkennen. Flach erstreckt sich das Linauer Moor hinüber bis zur „Alten Bille", dem Hauptlauf vor der Begradigung. Aus dem Kreisforst Koberg kommen viele kleine Gräben zusammen, die alle zur Bille fließen.

Diese Gegend ist kein typisches „Spaziergebiet", deshalb komme ich eigentlich nur auf der Suche nach der Bille hier vorbei. Ich steige vom Rad und bin erstaunt, wie schnurgerade die Bille, als besserer ‚Abwassergraben', hier zu sehen ist. Blicke ich, auf der Brücke stehend, nach Norden, kommt die Bille vom Waldrand des Sirksfelder Zuschlags daher. Richtung Süden, zum Billbaum hinüber, verläuft die Bille wie am Lineal gezogen, schilfgesäumt zwischen feuchten Wiesen hindurch. Ein Wirtschaftsweg endet an einer Baumreihe.

Hier wurde vermutlich aus „entwässerungs-technischen" Gründen irgendwann einmal ein Graben ausgeschachtet, um das Wasser der vielen kleinen Gräben aus dem Wald und dem Weideland zügig von der Bille abtransportieren lassen zu können. Diesen Zweck erfüllt die „künstliche“ Bille heute wohl auch noch. Klar wird mir das besonders, als ich weiterfahre, hinüber zum Koberger Moor. Auch hier erblicke ich etliche kleine Gräben, der Boden ist dunkel, schwer und feucht.

Im Laufe ihres Daseins ist die Bille an vielen Stellen von Menschenhand umgeleitet, verlegt, begradigt und schließlich wieder „renaturiert“ worden. Einen großen Anteil zu Veränderungen hat das Billewasser aber auch selber beigetragen. Im weiteren Verlauf ist an vielen Stellen nicht zu übersehen, wie die Kraft des Wassers mit seiner unterschiedlichen Fließgeschwindigkeit Ufererdreich abgetragen oder weggetragen hat.

Die erste Brücke unter der die Bille hindurchfließt. Es werden noch sehr viele folgen.

Ein schlichter Ringwall, auf dem man einmal herumgehen kann.

Wallberg aus dem 9. Jahrhundert

▶ Als die Sachsen und Slawen sich nach langjährigen Raufereien über den Grenzverlauf zwischen ihren Herrschaftsbereichen geeinigt hatten, war die Bedeutung und Funktion dieser Burganlage, heute genannt „Wallberg", bereits beendet. Innerhalb dieses Ringwalles, so beschreibt es die Archäologische Tafel, mit einem Durchmesser von etwa 100 Metern, standen Holzgebäude, die sich an den Wall lehnten. Ich stelle es mir so vor, dass sich innerhalb des Walls, der vielleicht oben drauf noch einen pallisadenähnlichen Aufbau trug, die Menschen Unterkunft und Zuflucht bei Gefahr fanden.

Als Kaiser Karl der Große Anfang des 9. Jahrhunderts im Norden seines eroberten Gebiets bei den Sachsen war, wurde eine mehr imaginäre Grenze zu den Slawen festgelegt. Es war keine befestigte Anlage, sondern sie verlief wohl meist an natürlichen Gegebenheiten wie Flüssen, Hügeln, Sümpfen und dichten Wäldern entlang. In unregelmäßigen Abständen befanden sich einfache Burganlagen wie hier im Koberger Forst bei Sandesneben. Wenige hundert Meter von hier befand sich die „Bilenispring", am Billbaum, wie aus einem lateinischen Dokument des Klerikers und Chronisten Adam von Bremen* hervorgeht, das den Verlauf des „Limes Saxoniae" beschreibt.

* www.wikipedia.org: 1075 beruft sich A. v. B. in seiner ‚Hamburger Kirchengeschichte' auf eine Urkunde aus der Zeit Karls des Großen.

In dieser Region Schleswig-Holsteins siedelten zu Anfang des ersten Jahrtausends n. Chr. hauptsächlich die Langobarden. Sie lebten von Land- und Viehwirtschaft. Als sich das Klima verschlechterte und damit die Erträge zurückgingen, kam es zwischen 300 und 500 n. Chr. zur „Völkerwanderung“. Die Langobarden zogen nach Südosteuropa und hinterließen Brachland.

Die Landschaft ‚verwilderte‘ und es bildeten sich große Waldflächen, von denen heute der Sachsenwald und die Hahnheide als größte übrig blieben*. Allmählich wurde das Land wieder besiedelt. Jetzt waren die Sachsen die Herren. Ihre Widersacher im östlichen Raum waren die Slawen. Sie verständigten sich, die Grenze verlor ihre Bedeutung, die Burganlage geriet in Vergessenheit. Der Wallberg wird wohl noch weitere Jahrhunderte überdauern. ■

Etwas abseits der Straße unter Buchen: der „Wallberg“.

* Aus einem Vortrag Helmuth Peets (Bargteheide) über die Bille, Februar 2015.

Wo die Bille noch ein Graben ist

▶ Viele Entdeckungstouren liegen noch vor mir. Das muss gut eingeteilt werden. Deshalb beginne ich mit dem Oberlauf der Bille der von der Quelle bis nach Grande zur alten Wassermühle reicht. Die Gegend ist ein eher selten besuchtes Ausflugsziel, was sich weiter flussabwärts aber bald ändern wird. Als ein über mehrere Kilometer allmählich breiter werdender Graben versteckt sich die Bille meist zwischen Feldern, Knicks und Waldsäumen. Aus der Nähe kaum einsehbar kann ich eigentlich nur gezielt nach der Bille suchen. Mein persönliches Interesse wird hier und da spontan an markanten Stellen geweckt. Deshalb bevorzuge ich es, zum Gebiet zwischen Linau und Grande, mit dem Rad aufzubrechen und so die Umgebung zu „erfahren" und dabei für mich und Sie, den Leser, zu erkunden.

Bevor ich mich nachfolgend ausführlicher den Besonderheiten zuwende, beschreibe ich vorab den Verlauf, also den „wässerigen" Teil der Bille. Das beginnt gleich nach der Quelle, wo die Bille ostwärts in einem weiten Bogen um die Hahnheide fließt. Aus unzähligen Gräben sammelt sich das Wasser, fließt begradigt zwischen Linauer und Koberger Moor bis nach Billbaum. Dieser Flecken an der Straße zwischen Koberg und Hohenfelde markiert den Punkt wo die Bille zum Grenzfluss zwischen dem Kreis Herzogtum Lauenburg und dem Kreis Stormarn wird. Sie schlängelt sich zügig weiter nach Köthel rüber, macht dort an der Landstraße 220 einen Knick nach Südwesten. Aus östlichen Waldgebieten strömt kurz hinter dem Ort die Schiebenitz unter der Landstraße hindurch in die Bille. Von Mühlenrade kommend sieht der Betrachter dann von der Straßenbrücke zwischen Hamfelde/Stormarn und Hamfelde/Lauenburg aus eine zum breiteren Wasserlauf angewachsene Bille.

Nördlich erhebt sich das NSG Hahnheide mit 99 m am höchsten Punkt. Im Tal stehen links und rechts buntgescheckte Kühe und ignorieren stoisch den weiteren Billebach. Kurz hinter dem stillgelegten Bahndamm stößt der Trittauer Mühlenbach hinzu. Er bringt den nächsten Wasserschwall. Aus der Stormarner Schweiz ergießt sich nun ein ständiger Strom des kostbaren Nasses in meine Bille. Ein herrlicher Blick auf die heranfließende Bille bietet sich von der großen Holzbrücke zwischen Trittau und Kuddewörde, dem Billeweg, gleich hinter der Kirche. Nun noch hinter der B404 ein nächster scharfer Knick südwärts. Die altehrwürdige Grander Mühle an der Lauenburger Straße bildet den vorläufigen Endpunkt der ersten Hälfte des Oberlaufes. Von hier an beschreibe ich dann den nächsten Abschnitt der ‚oberen Bille' der bis nach Bergedorf hinunter reicht. ■

Winteridylle: die Bille strömt eiskalt an Hamfelde vorüber.

Zollstelle mit Grenzbaum an der Bille

Wo die Bille unscheinbar zwischen Weiden und Feldern ersten Kontakt zu ihrer Umgebung aufnimmt ist von einem Fluss noch nicht die Rede. Und von einem typischen Ausflugsziel erst recht nicht. Doch wenn ich genau hinschaue, lauert schon die erste Überraschung auf mich. Hier bei Billbaum, zwischen Hohenfelde und Koberg, kommt historische Landespolitik ins Spiel. Alte Relikte einer Zoll- und Herrschaftsgrenze sind sichtbar.

Diese Grenze existiert heute noch. Zwar steht dort kein Schlagbaum mehr, der Kutscher mit ihren Waren zur Abgabe zwang, aber man spürt förmlich den Übergang vom Kreisherzogtum Lauenburg nach Stormarn. Ich hatte noch das Glück, die alte Brücke ablichten zu können. Heute ist die Brücke modernisiert worden und Kraftfahrzeuge huschen einfach vorbei.

Die Billbaumbrücke aus alten Zeiten habe ich 2003 fotografiert. Dazu den historischen Grenzstein (seine Rückansicht auf Seite 48). Inzwischen ist die Brücke modernisiert worden (oben rechts).

Koberg, Köthel & Mühlenrade

Hier macht die Bille einen scharfen Knick, um schwungvoll in westlicher Richtung abzubiegen. Bekannt wurde die Gegend durch tatkräftige Zisterzienser-Nonnen, die im 13. Jahrhundert hier zeitweise ein Kloster führten, um später wie ‚Nomaden‘ an der Bille den Standort zu wechseln.

Straßennamen mit ‚Geschichte‘.

Zwischen Köthel und Mühlenrade findet die Bille ihren Lauf tiefliegend an Raps- und Getreidefeldern vorbei.

Die Bille ständig im Blick

▶ Auf den ersten Blick sagte ich mir: Ein hübsches kleines Dorf. Die Zierkirschen blühten und die Sonne schien. Mit dem Rennrad war ich schnell in Koberg, für mich der östlichste Zipfel meiner Bille-Erkundungen. Auf einer Flagge entdeckte ich das Dorf-Wappen. Darauf zu sehen ein Storch, der über ein gewelltes gelbes Band läuft, das laut Wikipedia die Bille symbolisiert. Oben zieren eine Kornähre und ein Eichenblatt den grünen Grund. Die Ähre steht für Landwirtschaft und das Blatt für die Wälder der Umgebung. 750 Einwohner leben in Koberg.

Ich ruhte mich auf der rustikalen Bank aus. Ein Schluck Wasser erfrischte mich, so dass ich kurz darauf weiterfahren konnte. Mein nächstes Ziel war der Nachbarort Köthel. Weil die Bille den Ort in der Mitte durchfließt, gibt es einen lauenburgischen und stormarnschen Teil. Ich stellte mich auf die Brücke und stand nun mit einem Bein im Kreis Stormarn, mit dem anderen im Kreis Herzogtum Lauenburg.

Die Zisterzienser-Nonnen des Klosters „Reynebeke" wurden in der ersten Hälfte des 13. Jahrhunderts nach „Cotle" verlegt. Die frommen Frauen sorgten mit strenger, fleißiger Hand dafür, die damalige Einöde urbar zu machen. So entstand durch Rodung freies Gelände für den Ort Köthel. 1250 zog das Kloster nach Reinbek-Hinschendorf.*

Ruhepause in Koberg: Die Äpfel und Kirschen blühen.

* www.koethel.de

Obwohl der Ort für mich wie ein Straßendorf anmutet, gibt es dennoch links und rechts schöne Häuser mit großen Gärten. Durch den stormarnschen Teil führt die Straße ‚An der Bille‘, und auf der Brücke auf der gerade mein linkes Bein ruht, heißt es Billenhof.

Und dann bietet mir die Orts-Historie* noch etwas: König Friedrich V. von der Pfalz, der ‚Winterkönig‘, machte 1621 auf der Reise nach Lübeck 3 Tage Rast im Gasthof der Familie Bohnsack. Heute steht an der Ecke Billenhof/Landesstraße 220, wenige Meter von der Bille entfernt, „Burmeisters Gasthof“. Hier kann der erschöpfte Radler einkehren und sich erfrischen oder speisen.

Und übrigens, der Revierförster Johann Daniel von Jüssa kam auch aus Köthel – seine interessante Geschichte auf [> S. 88]. Am Ortsende von Köthel unterquert die Schiebenitz die Straße und den Radweg. Sie liefert einen kräftigen Schluck Wasser für die Bille, das die Schiebenitz aus dem östlichen Gebiet bis zur Wasserscheide Delvenautal einsammelt.

Ich mache mich auf den Weg Richtung Hamfelde. An der Landstraße erleichtert ein guter Radweg das Vorankommen. Die Bille ist ‚blicktechnisch‘ vom Radweg aus immer in Sichtweite. Büsche, Schilf und andere wasserliebende Pflanzen säumen ihre Uferbereiche. Manchmal Baumgruppen aus Schwarzerle und Weiden.

Wenige Meter hinter dem Gasthof fließt die Bille nach Südwesten.

* Internetseite (Geschichte) der Gemeinde Köthel.

Das Wappen des Ortes Mühlenrade zeigt eine Steinbrücke auf grünem Feld, sowie ein Mühlenrad mit einem dicken weißen Fisch auf blauem Feld. Kommt man nun von Köthel nach Mühlenrade ist weit und breit von einer Mühle nichts zu sehen. Aber ein ‚Mühlenweg' führt zum Billelauf. Ich denke, dass es hier wie in vielen Orten, die direkt an der Bille liegen, wohl einst eine Wassermühle gab. Die zur Hahnheide hinüberführende Steinbrücke hat es demnach wohl auch gegeben. Im kleinen Ort mit seinen rund 170 Einwohnern befinden sich nur wenige Gewerbebetriebe, meist Landwirtschaft und ist auch eine Wohnsiedlung. Seit August 2015 betreibt dort die Bauerngemeinschaft Hamfelder Hof ihre Bioland-Meierei an der Dorfstraße. ■

An Mühlenrade kommt man per Fahrrad schnell vorbei.
Dickes Schilf und Uferpflanzen lassen im Sommer nur ahnen, wo die Bille fließt.

Adebar liebt den Bille-Frosch

▶ Im Frühjahr kommen sie nach einem langen Zug von bis zu 20.000 Kilometern aus ihrem Winterquartier im Süden Afrikas zurück an die Bille! Nach Auffinden des Vorjahres-Nistplatzes oder Klärung der Revierverhältnisse machen sich die Paare an die Arbeit. Das Nest wird kuschelig für den Nachwuchs vorbereitet. Drei bis fünf Eier werden gelegt und von beiden Partnern ausgebrütet. Nach rund einem Monat erblicken die geschlüpften Kücken das Sonnenlicht in Linau, Hamfelde, Billwerder oder anderen schönen, futtergünstigen Gegenden an der Bille.

Ob die Lieblingsspeise des Storches tatsächlich der Frosch am Bille-Saum ist, bleibt ungeklärt. Jedenfalls gehört der Frosch nur teilweise auf den Speisenplan des schwarz-weiß gefiederten Großvogels. Alles, was das feuchte, wässrige Gelände noch so hergibt, wie Fische, Wühlmäuse, Schlangen, Eidechsen oder Heuschrecken. Die Jungstörche werden von den Eltern gut versorgt und können nach rund drei Monaten fliegen. Dann wird es auch Zeit, denn nachdem sie sich noch eine ordentliche Kraftreserve angefressen haben machen sie sich auf den Flug nach Afrika, mit Eltern und Geschwistern. Sie klappern der Bille ein fröhliches „Ade“ (von Adebar) zu, um im nächsten Jahr heimzukehren. ■

Gut geschützt, guter Ausblick und gutes Futter – optimale Bedingungen für unseren Bille-Storch.

Wo Mühle und Storch klappern

Die Windräder der Pirschmühle sind nur noch Dekoration. Aber das Ambiente im Restaurant ist so urig und dennoch gepflegt, dass man etwas verpasst, wenn man hier nicht einkehrt. Der weiße Gast aus Afrika, der Storch nebenan, fühlt sich jedenfalls richtig wohl im Billegrund.

Der Galerieholländer stammt aus einer Zeit, als mit der Windkraft noch die Wirtschaft angetrieben wurde.

Hamfelde in Lauenburg

▶ Ein Galerieholländer? Was sucht ein feiner Bürger aus den Niederlanden in Hamfelde? Gemeint ist selbstverständlich die Mühle aus der Mitte des 19. Jahrhunderts, die, wie bei Wikipedia zu erfahren ist, bis 1954 in Betrieb gewesen ist. Sie verfiel leider, wurde aber bis 1976 wieder saniert und als Restaurant in Betrieb genommen. Nochmals saniert und schick rausgeputzt bietet sie seit 1996 einen tollen Rahmen für Hochzeiten und andere festliche Anlässe. Welch ein Glück! Es ist wirklich einladend und nett in dem Restaurant. Sogar nach einem ausgedehnten Spaziergang in der gegenüberliegenden Hahnheide oder als Zwischenstopp während einer Radtour lohnenswert.

Im gleichen Jahr, nämlich 1976, wurde die Bahnstation Hamfelde geschlossen. Bis dahin hatten Bewohner der ländlichen Region die Möglichkeit mit der Bahn nach Schwarzenbek oder Trittau/Bad Oldesloe zu fahren. In Trittau bestand die Umsteigemöglichkeit in die Südstormarnsche Kreisbahn nach Hamburg-Tiefstack. Heute sieht man an der Stelle noch den Bahndamm, aber sonst ist nichts übrig geblieben. Ich werde bei anderer Gelegenheit auf den Bahnabschnitt Hamfelde-Trittau [> S. 98] zurückkommen. Auf einigen Teilstücken des ehemaligen Bahnkörpers befinden sich heute Radwanderwege.

Wer mehr über Hamfelde erfahren möchte, dem empfehle ich das Buch „Das Dorf Hamfelde im Lauenburgischen" von Wolfgang Buchwald, 2001 erschienen im K. Viebranz Verlag, Schwarzenbek. Darin erfahre ich u.a., dass die ‚Sadelbande', jenes Gebiet zwischen der Delvenau im Osten, der Hornbek und der Bille, sehr waldreich war und die herrschenden Sachsen-Herzöge mittels Unterbeauftragten Land an Siedler (Bauern) verteilten. Sie mussten kräftige Abgaben zahlen, hatten dafür aber erbliches Besitzrecht. Spannend zu lesen.

Je nach fortgeschrittener Tageszeit geht es auf meiner Radtour jetzt weiter entlang der Bille. Entweder direkt über Kuddewörde mit dem Ortsteil Rotenbek durch den Sachsenwald zum Witzhaver Viert und zurück zum Krabbenkamp. Oder, wenn es die verbleibende Zeit es erlaubt, radele ich hinüber nach Hamfelde in Stormarn. Auch dort gibt es sehr viel Interessantes zu ‚erfahren'.

Bevor ich vergesse, es zu erwähnen: Für Hobby-Ornithologen oder „Storch-Spotter" ist es in den Hamfelder Bille-Niederungen oder angrenzenden Gebieten nicht schwer, den Storch zu beobachten. Wer gerne mit dem Rad durch unsere Region rollt, hat sehr häufig die Chance abzusteigen und dem stolzen, rotbeinigen Gesellen beim Futtersuchen über die Flügel zu schauen. ■

Die Mühlenbek kommt vom Nachbarort Dahmker und fließt zum Mühlenteich in der Ortsmitte von Hamfelde.

Eine bunte Blütenpracht empfängt den Besucher der ,Waldeslust'.

Hamfelde bietet ,Waldeslust'

▶ Ein ganz beliebtes Ziel als Einkehr zur Rast oder eines Erlebnisses ist das Restaurant „Waldeslust" in Hamfelde, Kreis Stormarn. Nördlich der Bille, die weiter unten gerade gezogen durch ein flaches Weidetal fließt, direkt an der Dorfstraße, liegt das weiße Gasthaus. Man kann vorn schon einen Tisch finden, aber auch hinter dem Gebäude ist ein Kaffeegarten. Für Kinder gibt es Sandkasten und Schaukel und das Wichtigste, die Tiergehege beherbergen viele verschiedene Tiere, die sogar gefüttert werden dürfen. Auf der Beliebtheitsskala ganz oben stehen die braunen deutschen Edelziegen.

Für uns Ältere steht auf Wunsch duftender Kaffee auf dem Tisch, dazu darf es bei herrlichem Wetter ein Stück des hausgemachten Kuchens sein. Für Gäste, die ein herzhaftes Essen möchten, bietet die Speisekarte etliche Gerichte an. Schließlich können Interessierte Räumlichkeiten mieten, um ihrer Feier einen ansehnlichen, gastlichen Rahmen zu geben. Von hier aus ist es nur ein Katzensprung in die Hahnheide, die ist gut für einen abschließenden Spaziergang, der den Kreislauf anregt.

An einem sonnigen Augusttag kehrte ich nach einer anstrengenden Radtour durch die Hahnheide hier ein und bestellte mir frische Pfifferlinge mit Lauchgemüse, Rührei und Bratkartoffeln. Dazu ein frisch gezapftes Pils. Es schmeckte einfach köstlich und das Preis-/Leistungsverhältnis stimmte.

Beim kühlen Bier überlegte ich: Wie gelange ich zum nächsten Ziel – der Kupfermühle?

In Hamfelde, Kreis Stormarn, finde ich weitere andere erwähnenswerte Anlaufpunkte. Von der Dorfstraße aus möchte ich seit Langem gerne zur Kupfermühle am aufgestauten See der Ahrensbek. Hier befand sich einst der ‚Hamfelder Park', ein beliebtes Ausflugsziel. Verzierte, große schmiedeeiserne Tore verwehren mir allerdings den Zutritt zur Kupfermühle. Wie komme ich nur dahin?

Seit dem 16. Jahrhundert gehörte Hamfelde zum alten landesherrlichen Amt Trittau, wo es zu den 17 Holzdörfern gerechnet wurde. Gleich gegenüber der „Waldeslust" ist die ‚Ahrensbek' vor Jahrhunderten aufgestaut worden, um eine Wassermühle anzutreiben, die als Sägewerk für das Holz der Hahnheide diente.

Später wurde die Mühle zur Kupfermühle umfunktioniert. Dort, rechts und links der gleichnamigen Straße, gibt es zwei größere Teiche. Deren überschüssiges Wasser gelangt abwärts zur Bille. Immer wenn ich in Hamfelde war, blickte ich zur weißen Villa [> S. 72], die leider durch Bäume und hohe Hecken kaum ganz zu sehen ist. Ich wollte einfach die Straße zur ‚Kupfermühle' hineinfahren, um die Teiche und damit die Ahrensbek für mein Buch fotografieren zu können. Leider ist das Areal nicht zugänglich. Viel später an einem sonnigen Herbsttag hatte ich Glück und konnte kurz einen ungehinderten Blick auf das Gelände werfen .

Quelle: www.wikipedia.org, www.hamfelde-stormarn.de/hamfelde-st/geschichte/

Auf der Anhöhe über dem Billetal thront die weiße, ehemalige Ballinvilla.

Ballins Sommerresidenz an der Bille

▶ Auf dem großen Grundstück vom Südende des ‚Ahrensbek'-Teiches bis hin zur Möllner Landstraße gelegen, hat sich nach der Jahrhundertwende, 1906, der bekannte Hamburger Reeder und spätere Generaldirektor der HAPAG, Albert Ballin, ein Landhaus vom Architekten Fritz Höger (von ihm stammt auch das Hamburger Chilehaus) errichten lassen. Die Villa nutzte die Familie Ballin als Sommerresidenz. Das Gebäude wurde später jahrelang als Kinderheim genutzt und befindet sich heute in Privatbesitz. Auf dem weitläufigen ehemaligen Parkgelände sind weitere schöne Villen errichtet worden. Zur Zeit Ballins war der Hamfelder Park ein beliebtes Ausflugsziel. ■

Schmiedeeiserne Tore schützen das große Anwesen.

Hermann Jülich Werkgemeinschaft

▶ Für jeden Menschen ist Platz in der Gesellschaft. Diejenigen, die aufgrund von Behinderung viele alltägliche Dinge und Abläufe nicht bewältigen können, finden ihren Lebensinhalt in Einrichtungen wie der Hermann Jülich Werkgemeinschaft e.V. Der Grafiker und Anthroposoph Hermann Jülich (1895–1977) ist Namensgeber dieser Institution, in der Menschen mit Behinderung die Möglichkeit geboten wird, ihr tägliches Leben sinnvoll zu gestalten und auszufüllen.

Von Mitarbeitern der Werkgemeinschaft werden dort vielfältige Projekte initiiert, bei denen von den Betreuten mit eigenen Händen gewerkt wird. So sind sie schließlich stolz auf das Ergebnis und freuen sich, wenn sie ihre Holzprodukte* beispielsweise auf dem jährlich stattfindenden Martinsmarkt im November in Hamfelde anbieten und verkaufen können. Das übergreifende Motto unweit der Bille in den ‚Lebensorten' Hamfelde und Köthel ist: „Die Individualisierung der Behinderten zu unterstützen, das Miteinander in der Gemeinschaft zu stärken, um so ein gutes Zusammenleben zu gestalten".

Ich denke, dass im Rahmen von Therapie und Freizeit neben Heileurythmie, Malen und Musik auch sportliche Aktivitäten in der Natur entlang der Bille zum Wohlbefinden der Betreuten beiträgt. ■

Der ‚Lebensort' in Hamfelde.

Quellen: www.werkgemeinschaften.de, www.kulturimpuls.org
* Empfehlung: www.nutzhölzer.de

Hohenfelde: Bratkartoffeln und Birke

▶ Wenn ich mit Schwung aus dem Hahnheide-Wald ins Freie radele sehe ich rechts als erstes einen Hügel mit einem großen Findling. Aber wenige Meter weiter muss ich unbedingt stoppen. Im Landgasthof Stahmer soll es die besten Bratkartoffeln weit und breit geben. Bei sommerlichen Temperaturen sitze ich mit anderen Wander- und Radler-Gästen im Sonnengarten und warte sehnsüchtig auf meine Bestellung. Und dann steht der Teller vor mir. Köstlich – ein Genuss! Der ‚Multifunktions-Gasthof' ist Rathaus, Kneipe, Begegnungsstätte und Eventtreff in einem. Klar, bei nur rund 60 Einwohnern in Hohenfelde. An der Straße passiere ich den ‚Meyer-Platz' mit einem Stein zu Ehren für den ehemaligen Bürgermeister Ulrich Meyer (1915-2001).

Der alte Familienbetrieb des jetzigen Bürgermeisters Heinrich Stahmer – gegründet 1835 – wird heute von Katja und Jan Löwel geführt. Sie beziehen die frischen Produkte für ihre Küche zumeist aus hiesigen Betrieben. Der feine kleine Landgasthof steht allen offen: dem naturverbundenen Wanderer ebenso wie der festlichen Gesellschaft. Hinter dem Gebäude und nebenan tummeln sich braune Pferde auf der Koppel. Einblick ins ländliche Leben. Zum Abschied aus Hohenfelde steige ich an der finnischen Birke ab. ■

Bratkartoffeln und Bier, das gibt es hier.

Großes Bild: Hügel mit Findling.

Unten: Nur ein paar Hundert Meter weiter die Partnerschafts-Birke aus Finnland.

Blüte der Rosskastanie

Was ich im Billewald entdecke

▶ Unspektakulär oder vielleicht doch kurz stehen bleiben? Allemal immer ein Hingucker sind die Blüten-Rispen (-Kerzen) der Rosskastanie im Mai/Juni. Das unübertroffene Hellgrün der jungen Buchenblätter bildet einen Kontrast zu den eigenen dunkelbraunen Fruchtbechern des Vorjahres. Durchscheinendes Licht verstärkt die Wirkung. Wohingegen später im Jahr die Früchte der Hainbuche (oft zu finden am Billelauf!) schon fast das Signal zum Jahresausklang bedeuten. Für den nächsten Spaziergang gut zu wissen. ■

Früchte der Hainbuche

Rotbuche, leere Fruchtbecher

Fischteiche bei Linau. Nichtmitglieder dürfen gern einmal über den Zaun gucken.

Fischteiche gehören einfach hierher

▶ Was wäre die Bille ohne die Angler. Rund 1,5 Millionen deutsche Angelfischer verbringen ihre Freizeit mit Angeln und Fischen. Entlang des gesamten Billelaufs begegnen sie mir bei meinen Ausflügen. Von der Bille-Quelle aus sehe ich schon die ersten Fischteiche. Nördlich der Hahnheide besitzen etliche Fischerei-Vereine oder Privatleute Fischteiche. Idealerweise wurden Zuflüsse zur Bille an passenden Orten aufgestaut. Ich kann mir gut vorstellen, dass Fischteiche auch schon in der geschichtlichen Vergangenheit die Möglichkeit boten, den Speiseplan zu ergänzen.

So begegnen mir Teichanlagen rechts und links des Bille-Oberlaufs bei Linau, Hamfelde, Mühlenrade, Grönwohld, Rotenbek, Silk oder Brunsbek, um nur einige zu nennen. Das durch- und überlaufende Wasser der Fischteiche fließt in allen Fällen indirekt oder direkt in die Bille. Welche Fische können überhaupt hier gezüchtet und geangelt werden? Meine Neugier konnte ich im Internet bei Angaben aus Vereinen und Foren befriedigen. Regenbogenforellen, Saiblinge, Schleie, Zander und Aal werden oft genannt. Aber natürlich auch Karpfen, Barsche, Rotaugen und Brassen.

Anders sieht es in der Bille selber aus: Ich habe beobachtet, dass im Frühjahr junge Forellen in der Bille ausgesetzt wurden. Sie wachsen heran und ich konnte später an verschiedenen Stellen größere Exemplare sehen [> S. 208]. Allein zum Angeln sind sie wahrscheinlich meist zu klein. Von Grande hinunter bis nach Reinbek sehe ich häufig den Hinweis „Fischen verboten“. Ich bin mir nicht sicher, ob die Fische in meinem Lieblingsfluss überhaupt die nötige Größe erreichen. Das Wehr in Reinbek macht eine Fischwanderung flussaufwärts unmöglich. Eine Fischtreppe wie am Sehrran in Bergedorf wurde aus Kostengründen abgelehnt*. Am Unterlauf der Bille in Billwerder bis hin zur Bille-Einmündung in die Elbe sieht es anders aus. In dem Bereich wird häufig direkt im Fluss geangelt. Die Angler berichten in ihren Internet-Foren vom Hecht, Zander, dem Karpfen und der Regenbogenforelle. ■

Ruhige Angel-Ecken an der unteren Bille.

Fischteiche beim Gut Silk in Reinbek.

* Hamburger Abendblatt/Stormarnteil vom 27.6.2015

Vogelfängerkaten: Papageno oder Obst?

▶ Spontan habe ich an den Papageno gedacht, die Figur aus W. A. Mozarts Zauberflöte, der so schön singt: „Der Vogelfänger bin ich ja ..." und dazu erklingt das magische Glockenspiel. Jedoch als ich fröhlich pfeifend auf meinem Rad Richtung Linau an dem Gebäude-Ensemble vorbeikomme, erinnert eher wenig an die historischen Vogelfänger, die hier vielleicht in ihrer Kate lebten. Die Realität kann bei genauerem Hinsehen sehr erstaunlich sein.

Seit meiner ersten Vorbeifahrt – kurz nach der Jahrtausendwende – mit Blick über den Zaun hat sich viel verändert. Ungewöhnlich der Name ‚Vogelfängerkaten', der mir auf der Internetseite* erklärt wird: Demnach lebten die Vogelfänger einst hier und es war ihr Job Wasservögel wegzufangen, die sonst den Fischbestand in den umliegenden Teichen der Herzöge von Lauenburg dezimiert hätten. Der Name blieb, aber Vogelfang wird schon lange nicht mehr betrieben.

Neulich, Anfang Mai, war wieder das Hofcafé zur beginnenden Apfelblüte geöffnet. Ein sonniger Tag, viele Besucher kamen und informierten sich. Herr Quint gab Interessierten freundlich Auskunft.

Apfelblüte auf dem Obsthof Vogelfängerkaten.

* www.vogelfaengerkaten.de

In voller Blüte: der Frühapfel Collina, der nicht nur einen guten Geschmack hat, sondern auch schorfwiderstandsfähig ist.

Das Bienenhotel: Eine Wildbiene schafft bis zu 5000 Bestäubungen pro Tag.

Anfang 2015 lief im NDR-Fernsehen eine sehenswerte Dokumentation über den – wie er sich selber nennt – Quereinsteiger und jetzigen Obstanbauer. Einst Bänker und Jurist im Streifenanzug bevorzugt Harald Quint heute die praktische Kleidung. Ich sehe sofort, hier ist etwas ganz Tolles entstanden. Bio-Obstanbau wie er wirklich als Vorbild dienen kann. Viel Handarbeit das ganze Jahr.

„Im April war es zwei Wochen zu lang noch ziemlich kühl“, dabei zeigt er auf seine gepflegte Apfelplantage, „die Blüten gehen jetzt erst auf!“ Hier hat er sich einen Traum erfüllt. Seltene Apfelsorten werden wieder angebaut. Die eigens angeschaffte Wildbiene leistet im Wonnemonat Mai perfekte Arbeit. Herr Quint hegt und pflegt seine Bienen, sie fliegen schon ab März auf ‚Bestäubungstour‘.

Hof-Events wie Hofcafé, Apfelpflücktag und Apfelverkauf finden bis in den Herbst hinein statt. Termine auf der Internetseite. Geflügelzucht unter allerbesten Bedingungen. Hühner, die frei unter Obstbäumen herumlaufen und die berühmte Barbarie-Ente sind hier fester Bestandteil des Bio-Obst-Geflügel-Jahres.

Beim gutbesuchten Hofcafé-Tag erläutert Herr Quint Besuchern die Bioland-Kriterien, nach denen auf seinem Hof produziert wird.

Das Dasein als Hahn oder Henne kann so schön sein.

Weiter Blick ins Billetal

Meine junge Bille umrundet zu zwei Drittel das Naturschutzgebiet Hahnheide. Mitten darin steht auf der höchsten Erhebung der Hahnheider Turm. Ich besteige ihn, denn von ganz oben habe ich einen herrlichen Blick ins weite Land. Das Erlebnis sollte man sich nicht entgehen lassen.

Mit einem 135-mm-Objektiv fange ich meine Eindrücke ein.

Umgeben von
altem Baumbestand erhebt
sich der Hahnheider Turm
knapp über die Wipfel.

Ganz weit oben über der Hahnheide

▶ Der Lauf der Bille beschreibt einen ausgedehnten Bogen um das Naturschutzgebiet (NSG) Hahnheide im östlichen Kreis Stormarn. Umzingelt von den Ortschaften Linau (Quelle der Bille) Köthel, Mühlenrade, Hamfelde, Trittau und Grönwohld bietet das NSG Ausflüglern die Möglichkeit zu Spaziergängen und Wandertrips. Ausgangspunkte finden sich in Trittau, Hamfelde, Hohenfelde am Nordostrand. Ich persönlich bevorzuge wieder meinen Drahtesel, der mich in einem ausgedehnten Tagesausflug hierher bringt. Hauptziel ist der Hahnheider Turm, seine Geschichte passt prima in mein Bille-Buch.

Die Vielzahl der Fotos, die ich während der Tour aufnehme sollen zur Bebilderung dieses Berichts beitragen. Die Auswahl wird von der Speicherkarte auf meinen Computer übertragen. Die Bilder harren dort der weiteren Verarbeitung. Dann passiert es! Nach der zwischenzeitlichen Neuanschaffung eines iMac und der damit verbundenen Übertragung der Daten müssen ausgerechnet meine „Hahnheide-Fotos“ im digitalen Nirwana verschwunden sein. Auch eine nervenaufreibende Suche hilft nicht. Pech gehabt.

Ein zweiter Anlauf musste her. Im Sommer 2014 bin ich dann mit dem Auto zum Waldparkplatz am Ende der Straße Hasenberg in Hamfelde gefahren. Spaziergänger und Ausflugsklassen sind unterwegs. Sie schwitzen wie ich beim Anstieg auf den 99 Meter hohen Hahnheider Berg. Ein Fahrrad sollte vorsorglich geschoben werden. Auf dem „Gipfel“ steht der 27 Meter hohe Holz-Aussichtsturm. In verschiedenen Quellen ist zu lesen, dass der Turm 1996 wegen Baufälligkeit abgerissen worden war. Eine ganze Reihe edler Spender hat dazu beigetragen, dass der Turm 2001 wieder aufgebaut werden konnte. Zur Freude unzähliger Ausflügler bietet er heute bei guten Sichtverhältnissen einen tollen Blick bis nach Hamburg. Landmarken sind da der Sendemast in Moorfleet oder das Wohn-Hochhaus in Reinbek. Mein Fototrip hat sich gelohnt. Zufrieden konnte ich mein Foto-Archiv wieder auffüllen. ■

So weit, so gut!

Fichtenstämme, gepoltert im lichtdurchfluteten Wald.

Unten: Fahrradstopp am Damm nach Hohenfelde.

Hahnheide, wo die

▶ „Dieses Kopfsteinpflaster macht mich fertig!" Dieser Fluch ist nicht ganz unberechtigt – doch der Trost folgt auf dem Fuße. Die alte Kopfsteinpflasterstraße des Hohenfelder Damms, die Trittau mit Hohenfelde – diagonal durch die Hahnheide – verbindet, hat eine lange eigene Geschichte hinter sich. Hier sind in grauer Vorzeit Pferde-Kutschen und -Fuhrwerke durch den Wald geruckelt. Es war zu der Zeit eine wichtige Verbindungsstraße von Stormarn nach Ratzburg und Mecklenburg. Heute ‚rödelt' man mit dem Fahrrad oder dem Auto nach Hohenfelde oder Linau. Aber es gibt eben auch glatte Asphaltstraßen über Trittau und Grönwohld oder Hamfelde und Köthel um die Hahnheide herum.

Kutschen rollten

Mein Thema hier ist jedoch mehr das große Naturschutz-Areal. Schöne Waldwege führen von allen Seiten durch ein sehr hügeliges Gelände. Als Fahrradler ist gelegentliches Strampeln angesagt. Warum so hügelig, was ist besonders hier? Aus dem Datenblatt des Ministeriums für Energiewende, Landwirtschaft, Umwelt und ländliche Räume Schleswig-Holstein* entnehme ich, dass sich über 1300 ha Wald auf einer eiszeitlichen Stauchmoräne befinden. Ehemals dehnte sich hier eine Heidelandschaft aus, die heute von Laubwald und Fichten bedeckt ist. Etliche Waldbäche bewässern umliegende Stauteiche, die wiederum in Bille und Trittauer Mühlenbach abfließen. Weiter heißt es in den oben erwähnten Infos, dass in der Hahnheide der Buchenwald vorherrscht, aber auch ein hoher Anteil an Eichen und sogar Stechpalmen vorhanden ist. Seltene Großpilze gedeihen hier und ich lese über die internationale Bedeutung von Waldvogelarten. Schließlich wird dort auf die Vorkommnisse des Kammmolches hingewiesen, der seinen Lebensraum in den zahlreichen Teichkomplexen am Waldrand gefunden hat.

Mir wird klar, dass solch ein Naturgebiet besonders schutzwürdig ist. Der Naturliebhaber findet hier Ruhe im Einklang mit Flora und Fauna. Für mich ist die Hahnheide neben dem Sachsenwald ein immer wieder gern besuchtes Ziel.

* NSG Hahnheide, Fauna-Flora-Habitat-Richtlinie (FFH DE 2328-354)

Vom Förster und dem Königssohn

▶ Auf dem Weg zum Hahnheider Turm stieß ich auf einen Gedenkstein. Ich blieb stehen und las: „Do schlog ick en Zirkel un verblenn em dat Verhältnis“. Der ‚Wildhüter‘ Johann Daniel von Jüssa aus Köthel soll diesen Spruch von sich gegeben haben. Damit war meine Neugierde geweckt und zu Hause am Rechner ging die „Googelei“ los. Soviel fand ich heraus: Eine junge Redakteurin des Stormarn-Teils im Hamburger Abendblatt („Dorfgeschichte im Doppelpack“) berichtete von Wolfgang Buchwald aus Hamfelde (Lauenburg), der als Chronist u.a. die Story vom ‚Jäger aus Köthel‘ aufgeschrieben hat.

Danach war der Ort Köthel (östlich der Hahnheide) Anfang des 19. Jahrhunderts dänisch. Hier lebte der Revierjäger Johann Daniel von Jossau. Sein Name wurde später standesamtlich in ‚Jüssau‘ verbessert. Angeblich war im Jahre 1856 der Kronprinz von Dänemark zur Jagd in der Hahnheide. Der alte Jäger als sein Begleiter erklärte ihm, dass man sich dem Wild stets von der dem Wind entgegen gelegenen Seite annähern sollte, um einen erfolgreichen Schuss anzubringen.

Eine schöne Geschichte, die uns da überliefert wurde. Sie hat zumindest bewirkt, dass heute ein Gedenkstein am Wegesrand zu finden ist. Für Interessierte: Der pensionierte Kaufmann Wolfgang Buchwald hat über Köthel und Hamfelde eine Chronik verfasst, die im Viebranz-Verlag zu beziehen ist.

Und wenn wir gerade dabei sind die Hahnheide zu durchstreifen gelangen wir ganz sicher auch nach Hamfelde (auf der Stormarn-Seite der Bille), wo wir im beliebten Ausflugslokal „Waldeslust“ [> S. 70] einkehren können. ■

Unweit des Hahnheider Turmes steht der ‚Jüssa‘-Gedenkstein.

Basthorst, der Ort zum Gut

▶ Mit dem Rad komme ich von Dahmker oder Hamfelde über die Landstraße nach Basthorst. Der gut 400 Einwohner zählende Ort ist im Wesentlichen geprägt vom Gut Basthorst [> S. 90]. Die Kirche St. Marien ist eine schöne Feldsteinkirche, erbaut 1857–59. Sie bildet etwa den Mittelpunkt des Ortes und ihr Turm ist weithin sichtbar. Zum Kirchspiel, so lese ich auf der Basthorst-Internetseite, gehören ebenfalls die Gemeinden Mühlenrade, Dahmker und Möhnsen. Die Straße ‚An der Kirche' führt direkt zum Gut.

Etwas weiter östlich von Basthorst befindet sich die Wasserscheide zur Delvenau*. Südwestlich des Ortes entspringt die Mühlenbek, die hinunter durch die Feldmark nach Hamfelde und damit zur Bille fließt. An der Hauptstraße, nicht zu übersehen, der ‚Gasthof Hamester'. Hier kann stilvoll gefeiert, in gemütlichen Zimmern übernachtet und in den Gasträumen gut gegessen werden. Ob mir als Gast, der eine Pause während einer Landpartie macht, auch ein frisch gezapftes Bier angeboten wird, muss ich demnächst ausprobieren. ■

St. Marien ist nicht zu verfehlen, wenn ich vom Gut aus durch Basthorst fahre.

* Die Delvenau gehört zum Gewässer-System Stecknitz-Delvenau (Elbe-Lübeck-Kanal). Östlich Basthorst sammelt die Steinau Oberflächenwasser für die Delvenau ein.

Landmarkt beim Grafen

Ein paar Viehwiesen und Getreidefelder von der jungen Bille entfernt liegt Gut Basthorst. Dort residiert am gleichnamigen Ort Enno Graf von Ruffin. Für uns Bille-Anrainer ist der Besuch der von ihm veranstalteten Landmärkte – Frühjahr, Herbst und Winter – zusammen mit Freunden und Familie immer wieder ein absolutes Muss!

Die Reiter des Hamburger Schleppjagdvereins erreichen nach der Parforcejagd das Gut und werden vom Grafen empfangen.

Eventkultur vom Feinsten

▶ Einer der schönsten Landmärkte unserer Region und darüber hinaus findet dreimal jährlich auf Gut Basthorst statt. Wenn das Wetter mitspielt erst recht und wenn der Himmel bedeckt ist, ziehen wir uns die passende Kleidung an! Dann machen wir uns auf nach Basthorst zum Gut des Barons von Ruffin. Die Plakate in der Umgebung kündigen schon Wochen im Voraus die Events an, wir können sie gar nicht verpassen.

Im Wonnemonat Mai geht es los mit dem Frühjahrsmarkt. Ein kleines angemessenes Eintrittsgeld ermöglicht dem Besucher das Angebot von über 150 Ausstellern auf dem Markt kennenzulernen. Von Antiquitäten über Interieur, Malerei und kulinarische Genüsse, von Mode bis hin zu Wohnen und Garten ist alles zu bestaunen. Überaus interessant ist es, dem Steinmetz, dem Töpfer oder Holzschnitzer und vielen anderen Hand-

Produkte aus der Region gehören zum Angebot.

werkern bei ihrer Tätigkeit zuzuschauen. Toll ist zudem jedes Mal, ein paar Mitbringsel zu erstehen.

Gelegenheit eine Pause zu machen bietet sich an mehreren Ecken der Hofanlage. Entweder bei einem Gläschen Wein oder einem wohlschmeckenden Kuchen mit Cappuccino. Für alle ist gesorgt. Sogar der Schwiegersohn kommt mit einer Grillwurst auf seine Kosten. Schwiegervater spendiert dazu ein kühles, frisch gezapftes Bier. Allein schon das Herumspazieren und Schauen bringt Spaß. Und man trifft Freunde und Bekannte.

Die Krönung der Landmarktkultur – finde ich persönlich – ist immer wieder der Herbstmarkt am 2. Wochenende im September. Der Duft von Landwirtschaft, hochsommerlichen Farben, Bläserkonzert und Hufgeklapper lässt die Sinne schwingen. Auch wer glaubt zuhause schon alles zu haben, kann immer wieder fündig werden. Viele Attraktionen ergänzen das Markttreiben: Das Poloturnier im Frühjahr – einfach spannend zuzuschauen. Die Schleppjagd im Herbst mit der bellenden Meute, wenn sie nach erfolgreicher Jagd auf den Hof zurückkehren.

Der Baron lässt sich immer wieder etwas einfallen. Hubschrauber-Rundflüge, Kutschfahrten, sogar ein Motorsegelflugzeug landete und startete auf dem abgeernteten Stoppelfeld hinter dem Gut. Man kann nie sicher sein, schon alles gesehen zu haben.

Kunsthandwerk für Haus und Garten.

Überraschungen inklusive, dachte ich mir, als ich beim letzten Mal die Oldtimer-Autos auf dem Hof sah. Na also, nichts wie hin!

Zum jahresendlichen Höhepunkt erleben wir den Weihnachtsmarkt. Auch der kann sich sehen, riechen und schmecken lassen. Die Weihnachtsgeschichte wird aufgeführt, Puppentheater unterhalten Groß und Klein. Musik ertönt, es wird gebastelt, die hofeigenen Tiere dürfen gestreichelt werden. Über 200 Aussteller informieren und verwöhnen in vorweihnachtlicher Stimmung die Besucher. Wenn dann schließlich der Glühpunsch meinen Körper so richtig innerlich aufheizt, meine Wangen rot werden lässt und ich mich umschaue, dabei in erwartungsfrohe Gesichter blicke, dann ist Weihnachten ganz nah.

Richtig gut, sehr anerkennenswert und vor allem immer wieder zu unterstützen ist das Engagement für soziale Aktivitäten, die Baron von Ruffin und sein Team zusammen mit den Ausstellern tätigen.

Alles über Gut Basthorst, seine Geschichte, die vielen weiteren interessanten Unternehmungen und Möglichkeiten finden Sie auf der sehr lesenswerten, schön gestalteten Homepage „www.gutbasthorst.de" ■

Tut gut: Kunst & Kutschfahrten zu erleben.

Das gezeigte Garten-Ambiente gibt reichlich Anregungen.

Gehört unbedingt dazu: Schauen und Kaufen.

Auf der Suche nach dem ‚Runwall': Radel-Pause bei Kasseburg.

Dahmker und Kasseburg

▶ Dahmker durchfuhr ich einige Male, wenn ich zum Beispiel nach Basthorst unterwegs war. Knapp 180 Einwohner hat es hierher verschlagen. Wie bei allen Orten in der Umgebung, wirkt auch hier die ländliche Ruhe und Gemütlichkeit auf mich. Eine längere Verweildauer ergibt sich meist nicht. Ich bleibe kurz mit dem Rad stehen, um die Störche zu beobachten, die hinter einem Heumäher im frisch gemähten Gras nach Kleintieren suchen. Am Wiesenredder windet sich die Mühlenbek entlang der Feldknicks. Bei der Feldsteinbrücke mache ich ein paar Fotos vom kleinen Zufluss der Bille.

Kasseburg, so dachte ich, liegt etwas im Nirgendwo. Einmal las ich etwas von einem ehemaligen Rundwall. Das brachte mich dazu, bei schönem Sonnenschein mit dem Rad, von Kuddewörde kommend, einen Schlenker zum Ort zu machen. Die Reste des Rundwalls fand ich nicht, deshalb muss ein zweiter Versuch her. Demnächst. Im Ort wohnen etwas weniger als 600 Einwohner. Die nahegelegene Bundesstraße 404 und die Autobahn 24 ist für Pendler zur Großstadt wohl ein Argument hier gut zu wohnen. Nördlich von Kasseburg schlängelt sich die ‚Fribek' der Bille entgegen. Ich wende mein Rad nun Richtung Ödendorf an der B404. Es ist ein Ortsteil Kasseburgs und ich schaue, bevor ich quer durch den Sachsenwald nach Hause radle, noch beim ‚Hoppelino der Heuherberge am Sachsenwald' [> S. 144], vorbei. ■

Was mir an der Bille blüht

▶ Da wäre zum Beispiel die Gemeine Nachtkerze. Schön gelb strahlt sie mich an sonnigen, trockenen Wegrändern an. Die Wicke finde ich überall als Farbtupfer. Sie gehört zur Unterfamilie der Schmetterlingsblütler. Im Herbst bildet sie platte Hülsenfrüchte (daher auch ‚Platterbse'). Reibe ich die Blätter der Knoblauchsrauke zwischen den Fingern dann entfaltet sie einen flüchtigen ‚Knobi-Duft'. Im Mittelalter noch als Gewürzpflanze (ähnlich Bärlauch) genutzt, fand sie später als Heilpflanze häufig Verwendung. ■

Gemeine Nachtkerze

Wicke

Knoblauchsrauke

Quelle: www.wikipedia.org

Auf alten Bahnstrecken durchs Billeland

▶ Fast zufällig stößt man auf die Relikte einer entschleunigten Zeit. Alte Brücken oder Bahndämme werfen die Frage auf: Was war denn hier einmal? Da muss ich intensiv recherchieren, aber ich werde fündig. Von 1897 bis 1984 gab es eine Eisenbahnverbindung zwischen Schwarzenbek und Bad Oldesloe. Eine weitere Verbindung zwischen Trittau und Hamburg-Tiefstack.

Heute radele ich daran entlang oder obendrauf. Denn einige ehemalige Streckenabschnitte im Bereich des Mühlenbaches bei Trittau und von der Stormarnschen Schweiz nach Glinde und Hamburg sind zu Radwanderwegen umfunktioniert worden nachdem die Ära der Eisenbahn in der Region zu Ende gegangen ist (Routen A–C im Kreis Stormarn). Auffällig der Radweg parallel zum Bahndamm zwischen Hamfelde/Lauenburg und Trittau-Vorburg in Stormarn. Oben auf dem Bahndamm wuchert Gestrüpp. Die Bille unterquert hier den Ex-Bahndamm durch eine Feldsteinbrücke. Daneben verläuft der Radweg nach Trittau über die Bille. Weitere Radwanderwege folgen in Trittau und am Oberlauf des Mühlenbaches. Eine Anschluss-Tour wird mich auf dem ‚Bahnradweg' (Route C) von Trittau nach Glinde bringen.

Die Bille fließt unter dem ehemaligen Bahndamm hindurch.

Wo einst Gleise lagen windet sich ein Feldweg nordwärts.

„Tour-de-Bahnradweg", Teil 1: ... ein sonniger Frühlingstag! Vor dem Start der wichtige Blick auf die Karte. Quer durch den Sachsenwald führt mich der Weg nach Dahmker hinter Kuddewörde. Dort geht es los. Aber ich hätte den Beginn des Bahnradweges beinahe verpasst, der hier noch ein ‚inoffizieller' Radweg ist. Meine Augen richteten sich zu sehr auf die Mühlenbek, die hier den Wiesenredder Richtung Hamfelde unterquert und dann hinunter zur Bille fließt.

Wenige Meter daneben ist ein Feldweg, der schnurstracks nach Norden verläuft. Ich fuhr jetzt gewissermaßen auf der alten Bahnstrecke zwischen Möhnsen und Trittau. An einer Feldwegkreuzung schaut ein Stück Gleis aus dem Boden. Jetzt vorbei an Hamfelde nach Trittau. Da ist der Radweg bereits asphaltiert und ich komme gut voran. Östlich führt der Radweg dann an Trittau vorbei. Hier muss ich erstmal Station machen, es gibt viel in dem großen Ort zu erkunden. ■

Trittau am Mühlenbach

Rund um das Naturschutzgebiet Hahnheide erstreckt sich der junge Lauf der Bille. Das Areal reicht von Linau über Köthel und Hamfelde bis Trittau mit der „Stormarner Schweiz“, von deren Seen beispielsweise der Mühlenbach (Schönau) gespeist wird und der als erster großer Nebenbach die Bille mit reichlich Wasser versorgt. Schon in dieser Region können viele Besonderheiten entdeckt werden.

Die ‚Hirschbrücke' über den Trittauer Mühlenbach. Hier entlang führt ein Weg zum ‚Sängerberg'.

An der Kirchenstraße in Trittau: Gedenkstein zur 50. Wiederkehr der Schleswig-Holsteinischen Erhebung von 1848. Die Doppeleiche wurde im Jahre 2008 neu gepflanzt.

Trittau hatte einst ein Schloss

▶ Von Nord nach Süd erstreckt sich der Ort Trittau entlang dem Mühlenbach bis hin zur Bille westlich der Hahnheide. Mit dem Auto erreicht man den Ort schnell über die Bundesstraße 404. Die Mittelpunktgemeinde hat heute fast 8000 Einwohner und ist kulturelles und wirtschaftliches Zentrum des südöstlichen Zipfels des Kreises Stormarn, dessen Grenze zum Kreis Herzogtum Lauenburg meine Bille ist. Ich fahre vom Krabbenkamp aus vorzugsweise mit dem Fahrrad dort hin und schaue mich um.

Nach einem Vortrag von Helmuth Peets, Vorsitzender des Heimatbundes Stormarn, über die Bille fiel mein Interesse auf das ehemalige Schloss Trittau, von dem heute nichts mehr zu sehen ist. Eine unauffällige kleine Straße ‚Zur Krim' zweigt gegenüber der Möllner Straße südlich zur Bille ab. Hier bei der Vorburg stand ursprünglich ein Schloss umgeben von einem breiten, schützenden Graben, dessen Wasser aus Mühlenbach und Bille stammte.

Die 1325 erbaute Burg, später das Schloss, war Zollstelle und Sicherungsposten der Grenze zu Sachsen-Lauenburg. Bis 1773 hatte hier ein Amtmann seinen Sitz, in dessen Bereich sich 36 Dörfer befanden. 1775 wurde das Schlossgebäude abgerissen. Der Pädagoge und Schriftsteller Joachim Heinrich Campe hat 3 Jahre hier mit vier seiner Schüler gelebt. ■

Bei einem Sturm, der im Frühjahr 2015 über Norddeutschland hinweg zog erwischte es eine uralte Pappel auf der „Krim". Als sie umstürzte wurden Reste der Wehrmauer am ursprünglichen Burggraben freigelegt. Ich kam zufällig vorbei und konnte dieses Bild ablichten. Deutlich sind die dicken Steine zu sehen, die seit Zeiten unter dem Wurzelwerk am Grabenrand verborgen waren.

Quellen: www.home.arcor.de/o.mesch/Trittau/Rundgang/krim/krim.html, Vortrag H. Peets 2015: ‚Die Bille', www.stormerland.de/trittau/trittau.html

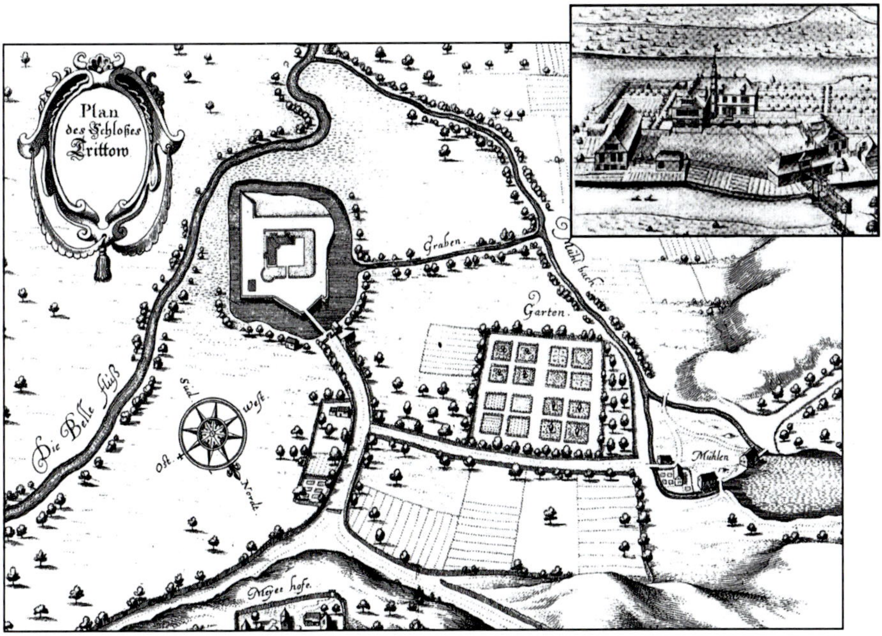

Auf der alten Karte von 1692 ist die vom Burggraben umgebene Schlossanlage (Abb. rechts oben, von 1680) zu sehen. Links fließt die Bille, oben vereinigt sich der ‚Mühlbach' mit der Bille. Auffällig der Gemüsegarten und rechts der Mühlenteich mit dem Mühlengebäude. Unten die von Linden gesäumte Kopfsteinpflasterstraße (heute) die zur Vorburg führt.

„Schloss Trittau Plan Merian“ von Matthäus Merian der Ältere - Joh. Ph. Abelinus (Ed.), Theatrum Europaeum, vol. 4, Frankfurt am Main, 1692, Tafel 37. Gemeinfrei über Wikimedia Commons.

45 Meter hoch ragt der Turm der Martin-Luther-Kirche über den Dächern von Trittau.

Trittau ein Hauch historisch

▶ Trittau ist ein vergleichsweise großer Ort nördlich der Bille. Mit knapp 8000 Einwohnern gilt er als Mittelpunktsgemeinde. Wirtschaftlich, kulturell, sozial stark entwickelt und beliebt als Wohnort für Pendler aus Hamburg. Ich komme vom Radwanderweg zur Kirchenstraße, weil ich zur Martin-Luther-Kirche möchte. Nach etlichen Bauabschnitten wurde 1888 der 45 Meter hohe Turm errichtet. Auf der Nordseite ist noch ein Rest aus Feldsteinen aus dem 13. Jahrhundert zu sehen.

Bevor ich zur Bahnhofstraße fahre stoppe ich am Bauernhof Harders,

Der Rotklinkerbau des Bahnhofsgebäudes von 1887 als lokales Schmuckstück am Bahnhofsvorplatz.

einem roten Klinkerbau mit ansehnlicher Fassade. Die Harders sind eine alteingesessene Bauerndynastie und gehören heute noch der ‚Bollengenossenschaft'* (ursprünglich gemeinsame Besitzer eines ‚Dorfbullen') an.

Zum vorläufigen Abschluss meiner Besichtigungstour radle ich zum alten Bahnhof von Trittau. Der Bahnhof** wurde im Zuge der Staatsbahnstrecke Bad-Oldesloe – Schwarzenbek 1887 eröffnet. Die Südstormarnsche Kreisbahn fuhr ab 1907 hierher. Sie wurde bereits 1952 eingestellt. In den 1980er-Jahren war dann Schluss mit dem gesamten Bahnverkehr. Nach vielen Betreiberwechseln in den letzten Jahren ist zurzeit eine Gaststätte mit Namen „Bahnhof 1" in dem ehrwürdigen Gebäude zu finden.

Auf dem Schild am Bauernhof Harders lese ich den Namen Eckart Harders, Rechtsanwalt und Notar.

* www.ahnenforschung-scharnberg.de/az_bollengenossenschaft.html – http://trittau-wiki.de/wiki/Bollengenossenschaft_Trittau – ** www.hamburger-bahnhoefe.de/trittau.html

Kunst in der Trittauer Wassermühle

▶ Von Bahnradweg ist es nur ein Katzensprung zur Wassermühle in Trittau. Klar, dass dieser Standort für eine Mühle schon zur Zeit des Schlosses bestand. Das heutige Gebäude wurde 1701 erbaut. Viele Generationen von Pächtern nutzten die Wassermühle bis weit ins 20. Jahrhundert hinein. Ihre Betriebsgeschichte ähnelt der anderer Mühlen in der Gegend. Als die Mühle in Gemeindehand überging, wurde sie zum Kulturdenkmal. Seit den 1990er-Jahren ist sie Kulturzentrum.

In der erweiterten Region werden die dort veranstalteten Kulturereignisse stark beworben. Hier finden Ausstellungen, Konzerte und Lesungen statt. Bekannt ist der jährlich stattfindende Trittauer Mühlenmarkt. Zu Pfingsten bieten bis zu 140 Aussteller Kunsthandwerk, Gartenaccessoires, Kutschfahrten, regionale Spezialitäten, Kaffeegarten und Musik. Am Pfingstsonntag und -montag kommen bis zu 50.000 Besucher. Das klingt interessant (Eintritt und Parken frei) und sollte für die persönliche Freizeitplanung unbedingt in Erwägung gezogen werden.

Sie ist Wappensymbol und kulturelles Zentrum der Gemeinde Trittau: die Wassermühle.

www.wassermuehletrittau.de, www.stormerland.de/trittau/trittau.html

Der Burgkrug von 1695.

Auf dem Rückweg komme ich ein paar Meter weiter noch am ‚Burgkrug' vorbei. Es ist eines der ältesten Gebäude. Über der Eingangstür ist das Erbaungsjahr 1695 zu lesen. Im Jahr 1843 wurde hier der Trittauer Gesangsverein gegründet. Die Sangesgemeinschaft veranstaltet in unserer Zeit jährlich auf dem Sängerberg – siehe folgende Seite – ein herrliches Musikfest.

Bevor ich wieder zurück zur Bille fahre, um den Heimweg Richtung Sachsenwald einzuschlagen, stoppe ich kurz bei der Napoleonbrücke. Sie war ein wichtiger Übergang auf der Handelsstraße nach Ratzeburg. Näheres über ein Quartett von alten Granitquaderbrücken beschreibe ich detailliert später [> S. 344]. ■

Napoleonbrücke

Sängerfest auf dem Sängerberg

▶ Wir suchten den Radweg auf dem ehemaligen Trittauer Eisenbahndamm und fanden den Sängerberg. Das klang sehr verheißungsvoll und neugierig fuhren wir am hübschen Schild „Gästehaus Sängerberg“ vorüber. Wir waren hier am Rande der Hahnheide nicht allein. Viele Menschen strömten zum ‚Tag des Liedes‘ des jährlichen „Sängerfestes“. Anfangs ein unverhofftes Erlebnis und dann mussten wir einfach dabei bleiben. Verschiedene Chöre und Orchester boten Musikspaß und -genuss zur Freude der Zuhörer. Wir erfuhren, dass dieses abwechslungsreiche Programm jeweils an einem Sonntag, Ende Mai, von 11 bis 17 Uhr veranstaltet wird. Bei einem erfrischenden oder anregenden Getränk plus Snack fanden wir Platz im Gartengelände. In schon fast romantischer Atmosphäre lauschten wir dem Repertoire an Volksliedern und klassischen Musikstücken. Ich ertappte mich doch glatt beim Mitsummen. ■

Starkes Interesse lässt viele Besucher zum Sängerberg strömen.

Im großen Bogen mitten hindurch

▶ Bahnradweg, Teil 2: Von Trittau aus macht die ehemalige Bahnstrecke einen nordwestlichen Bogen zwischen Lütjensee und Großensee hindurch. Nun rolle ich auf dem asphaltierten Radweg nach Lütjensee. Rechter Hand entdecke ich an einem kleinen Gewässer eine Ansammlung von Graugänsen, dazwischen einen Graureiher. Quer durch den Hainholz-Wald komme ich zum ehemaligen Haltepunkt an der Ladestraße südlich von Hoisdorf. Mein Bahnradweg bildet hier tatsächlich die Wasserscheide zwischen Bille- und Alster-Einzugsgebiet. Das Gebäude des ehemaligen Bahnhofs Hoisdorf wird heute privat genutzt und ist hübsch rausgeputzt. Nächste Ortschaft ist Brunsbek, Ortsteil Papendorf mit der Corbek.

Der ehemalige Bahnhof Hoisdorf.

Der ortsansässige Graureiher begrüßt die durchziehenden Graugänse.

Die Dorfstraße in Papendorf mit ihren schmucken Häusern lässt die Corbek unterdurch fließen.

Der überwiegend schnurgerade Bahnradweg führt mich nun nach Papendorf. Was ich kaum vermutet habe lese ich bei Wikipedia nach: Im 30-jährigen Krieg plünderten Wallensteins und Tillys Truppen das Dorf und zerstörten es. Heute gehört es zum Amt Siek. Der Löschwasserteich, den ich gerade passiere, wird umrundet von der jungen Corbek, in der sichtbar das Wasser strömt.

Für Radwanderer ist der Bahnradweg ziemlich gut präpariert. Meist fährt es sich glatt auf dem breiten Asphaltweg und in regelmäßigen Abständen stehen Infotafeln, die speziell Bezug auf die Zeit nehmen, als hier noch Dampfloks schnauften. Rastmöglichkeiten laden zum Pausenbrotverzehr ein. Nach einem kurzen Stopp will ich zügig nach Glinde weiterradeln. Denn zwischen Stellauer Bach und Langeloher Graben, die zur Glinder Au fließen, wechsele ich ins Einzugsgebiet der Unteren Bille. ■

1952 wurde die Strecke der Südstormarnschen Kreisbahn zwischen Trittau und Glinde stillgelegt. Danach entstand auf dem verbliebenen Bahndamm der heute beliebte Bahnradweg Route C.

Die Stormarner Schweiz

Im 19. Jahrhundert begann man landschaftlich schönen Gegenden den Zusatz „Schweiz“ zu geben. Das war schick und wertete die Regionen, denen dieses Attribut angeheftet wurde, erheblich auf. Westlich der Hahnheide erstreckt sich eine leicht hügelige Landschaft, deren Bild durch Seen und Teiche aufgelockert ist. Rund um Trittau entwickelte sich seit Langem ein beliebtes Ausflugsziel. Sämtliche abfließende Gewässer aus diesem Bereich gelangen zur Bille hinunter und gehören somit zu deren ‚Einzugsgebiet‘.

Der Seerundweg um den Großensee ist 6,5 km lang und gut markiert. Hier beim ‚Pfefferberg'.

Alles fließt zur Bille hin

▶ Die „Stormarner“ oder auch „Stormarnsche Schweiz“ ist ein beliebtes Ausflugsziel, besonders für die Freizeitler aus Hamburg. Ich möchte die vielen Gewässer – nicht zuletzt wegen der erstaunlich umfangreichen Wassermengen, die von dort fast unmerklich zur Bille gelangen – einmal näher betrachten. Das Stormarner Endmoränengebiet ist ein typisches Nachbleibsel der eisigen vorgeschichtlichen Jahrtausende. So sprechen Experten von ‚Moränen‘ und ‚Tunneltälern‘, ‚Grundmoränen‘ und ‚Drumlins‘. Zwei Gewässer aus der Saaleeiszeit [> S. 29] nennen sich „See“: Der größere, der „Großensee“ und der kleinere, der „Lütjensee“. Westlich davon befindet sich zwischen dem Ort Großensee und Siek bei Ahrensburg und zwischen dem Ort Lütjensee und Hoisdorf bei Ahrensburg die Wasserscheide zwischen Bille und Alster.

Bei Rad- oder Wandertouren entdecke ich viele weitere Gewässer, see-ähnliche Teiche wie den Mönchteich, den Stenzerteich, aber auch den Drahtteich, Köllerteich, Kupfermühlenteich oder die Schwanenteiche. Hinzu kommen die vielen Bäche und Zuflüsse, die wiederum unzählige Fischteiche mit Wasser speisen. Malerische kleine Ortschaften wechseln sich mit Waldgebieten und hügeliger Felder- und Viehwirtschaft ab.

Der Trittauer Mühlenbach und etwas südlich die Corbek nehmen das gesamte Wasser dieser Region auf und leiten es in die Bille. Das klingt spannend und ich werde mich auf die Socken machen ... äh, aufs Fahrrad schwingen, um diese herrliche Gegend zu erkunden.

Blick von Süden auf den Großensee.

Dunkle Bruchwald-Idylle am Nordrand des Großensees.

Auch wenn die Uferregionen überwiegend Privatgrundstücke sind, so bleiben dem Erholungsuchenden kleine Lücken und Wege, um einen freien Blick auf die Gewässer zu finden. Ebenso verhält es sich mit dem Zugang zum Wasser für Freunde eines entspannten Bades im See. Am südlichen Ende des Großensees befindet sich ein Freibad und ein Campingplatz. Gegenüber am nördlichen Ende gibt es eine sandige Badestelle, die im Sommer stark besucht wird. Hier wird auch gern gegrillt, wovon die ‚holzkohligen' Reste im Sand zeugen. Aber die Freizeitler, die sich hier aufhalten, finden das urige Ambiente eben schön. Am Lütjensee ist ebenfalls am Nordende eine Badestelle, die gern besucht wird. Nebenan im „Il Lago" kann man sich stärken. Freier geht es am Mönchsteich zu, wo zwischen Schilf und Wasserpflanzen ein sichtgeschütztes Bad möglich ist. Im nahen „Woodpecker" oder in der „Mönchsquelle" kehrt der hungrige Gast ein.

Klar, dass rund um die Seen und dazwischen etliche Restaurants der mittleren und gehobenen Gastronomie um Gäste bemüht sind. Ich kann nach eigenen positiven Erfahrungen feststellen, dass von gutbürgerlicher Küche bis zu ausgefallenen Spezialitäten in der Stormarner Schweiz „gut essen und trinken" angesagt ist.

Gelesen im Bericht von Renate Hübner in www.stormerland.de/gewaesser/gewaesser.htm

Gerade im letzten März konnten wir im kleinen Kreis ein leckeres „Stintessen" im Restaurant „Seehof" am Lütjensee genießen. Dazu ein frisch gezapftes ‚Veltins' – einfach herrlich ... wer's mag ... Der anschließende Spaziergang rund um den Lütjensee setzte das I-Tüpfelchen auf einen gelungenen Nachmittag. Dabei passierten wir an der Südseite, bevor wir in den Wald ‚Bergen' am Ostufer gelangten, das Restaurant „Fischerklause". Auch hier konnten wir schon excellenten Karpfen speisen. Bei dem Gedanken daran läuft mir erneut das Wasser im Mund zusammen.

Kurz vor Ende des Spaziergangs überquerten wir eine Holzbrücke, unter der die Ripsbek, vom Köllerteich kommend, in den Lütjensee hinabfließt. Am Ufer toben Hunde ausgelassen und spritzen ‚Herrchen' und ‚Frauchen' nass. Bevor das Wasser des Lütjensees aber irgendwann die Bille erreicht, geht es südlich zu den ‚Schwanenteichen', wo ich mich im Forsthaus Seebergen vor einigen Jahren mit einem spitzenmäßigen Wildgericht verwöhnen konnte.

Wie hier der ‚Seehof' liegen viele einladende Restaurants der Stormarnschen Schweiz in idyllischen Uferlagen.

Am späten Nachmittag aufgenommen: Sonnenstrahlen spiegeln sich auf dem Lütjensee.

Von Seebergen plätschert die ‚Ripsbek' zum Drahtteich, vereinigt sich danach mit dem Trittauer Mühlenbach. Jetzt kehre ich zum Nordende des Großensees zurück, wo das Restaurant ‚Schleushörn' Gaumenfreuden anbietet. Hier liegt ja auch die schon vorher erwähnte Badestelle und der Seeabfluss zum Stenzerteich. Am Südostende hinter dem Freibad fährt man zum „Strandhus" (früher Strandhalle). Der elegante Internet-Auftritt verspricht gehobenes Ambiente und erlesene Speisen, aber das Angebot bietet auch einen Cappuccino mit Kuchen während einer kleinen Wanderrast.

Mit Corbek und Brunsbach zur Bille

▶ Die Landstraße 93 führt südlich um den Großensee. Ich suche nach der Kranbergbek, die den See mit der Corbek verbindet. Nach dem Zeltplatz stoppe ich abrupt. Hier scheint etwas zu sein. Ich vergewissere mich per Smartphone-App. In den Sommermonaten sind alle Bäche sehr zugewachsen, deshalb muss ich sehr genau hinsehen. Ja, der Graben ist da. Ich wechsele die Straßenseite und blicke durch den grünen Zaun auf den Großensee und das Freibad. Entenflott bedeckt den von Schwarzerlen und Birken gesäumten Bach, die Kranbergbek, die als Abfluss des Großensees bei höheren Wasserständen dient.

Von der Trittauer Straße (L93) biege ich auf den Petersweg ab und folge nun dem Lauf des kleinen Gewässers. Beim Haidbarg speist es einen größeren Löschteich, den ich überquere. Der Graben führt weiter bis an die Rausdorfer Straße. Nun bin ich mir sicher, bei der Busstation ‚Glashütte' ist der Zusammenfluss von Kranbergbek und Corbek. Weiter westlich bringt der Brunsbach sein Wasser zur Corbek. All deren Wasser gelangt in verschiedene aufgestaute Teiche, zum Beispiel beim Heinrichshof, und führt direkt durch Witzhave zur Bille. Ein weiterer ‚weißer Fleck' auf meiner großen Bille-Einzugsgebiet-Karte ist erkundet. ■

Vom südlichen Großensee, direkt neben dem Freibad, fließt die Kranbergbek bei Bedarf nach Süden Richtung Corbek.

Holzhaus-Idylle am Helkenteich.

Pferdesport am Helkenteich

▶ Eine weitere riesige Lücke klaffte in der Sammlung meiner geradelten Touren im großen Billeland. Sie wurde hier geschlossen. Über holprige Waldwege radele ich nun durch den Trittauer Staatsforst, die ‚Grander Tannen', zur Granderheide nördlich der L94. Einige Begriffe machten mich zuvor neugierig: Helkenteich, Furtbek und Helkenbek. Deren Wasser gehört in die Bille. Aber wo finde ich die Heide? ‚Hahnheide', ‚Trittauer Heide', ‚Grander Heide' – ich denke, vor der umfangreichen Kultivierung der Landschaft in vergangenen Jahrhunderten hat es hier vielleicht ausgedehnte Heideflächen gegeben. Beim Googeln* zum Begriff Granderheide sehe ich Angebote zum Pferdesport, über Reiterhöfe und dergleichen. Wohin ich schaue, auf den Koppeln in dieser Region stehen die schönsten braunen Pferde weit und breit. ■

Wo Pferde friedlich grasen ist der Reiterhof nicht weit.

* Das Verb „googeln" steht seit 2004 im Rechtschreib-Duden. Es meint, in der Internet-Suchmaschine GOOGLE einen Begriff einzugeben, über den man etwas erfahren möchte.

Die Pferde haben viel Auslauf auf ihren Koppeln.

Reiterparadies Granderheide

▶ Pferdesport wird zwischen Trittau, Rausdorf und Grande sehr groß geschrieben. Hier in Granderheide und Umgebung gibt es neben diversen Reiterhöfen den Verein ‚Pferdesport Granderheide"*. Im Stormarn-Teil des Hamburger Abendblattes finde ich oft Berichte über Turniere und Events des Vereins. Der seit 30 Jahren bestehende Verein bildet Dressur- und Springreiter aus. Über 500 Vereinsmitglieder sind teilweise auch auf den umliegenden Reiterhöfen aktiv. Auf landesweit stattfindenden Turnieren in Schleswig-Holstein sind die Reiter aus dem Billeland häufig bestens platziert. ■

Weiß + Braun grasen synchron in der Stormarnschen Schweiz zwischen Trittau und Lütjensee.

* www.pferdesport-granderheide.de

Markant: die Billebrücke zwischen Trittau und Kuddewörde.

Kuddewörde an der B404

▶ Der langgesteckte Verbindungs-Ort entlang der Bille zwischen Hahnheide und Sachsenwald ist Kuddewörde. Gänzlich im Herzogtum Lauenburg gelegen fahre ich gelegentlich hindurch über die Möllner Straße nach Hamfelde. Von Trittau aus überspannt eine geschwungene Holzbrücke auf Betonpfeilern die Bille. Zwischen Weiden am Ufer ist der Platz, an dem einst die Burg Kuddewörde existierte, die jedoch schon 1585 abgerissen wurde.

Hatte 2015 90-jähriges Bestehen: ‚Gasthof zur Eiche'.

Zum 1400-Einwohner-Ort gehört auch das südliche Gebiet ‚Rotenbek' (seit 1936) sowie die Grander Mühle und die St. Andreaskirche. Teile der Feldsteinkirche stammen aus dem 15. Jahrhundert. Die ‚Fribek', ein kleiner Zufluss, mündet bei der B404 in die Bille. Einkehr ist möglich im ‚Gasthof zur Eiche', Am Brink Nr. 5 bei Frau und Herrn Rehder, die den Gasthof jetzt in der 4. Generation führen. ■

Bei dem Anblick fühlt sich der Besucher zurück versetzt in alte Zeiten. Zu Füßen des Fotografen die Einsetzstelle für Kanufahrer.

Das Gartenrestaurant reicht bis ans Ufer der Bille.

Es klappert die Mühle

Eins mit der Bille ist die Grander Mühle – wie ein altes Ehepaar. Unzählige Ausflügler sind irgendwann schon hierher gekommen. Diese historische Idylle hat ihren ganz speziellen Charakter. Kopfsteinpflaster, Mühlenrad, Fachwerk – viel und oft fotografiert – und sogar in Öl gemalt.

Die Grander Mühle in Öl gemalt

▶ Als ich in den hinterlassenen Ölgemälden meines Vaters stöberte, fand ich sie – die Grander Mühle. 1958, ich war gerade 13 Jahre alt und spielte mit anderen Kindern unserer Straße lieber Fußball, da machte sich mein Vater mit dem Moped und Malutensilien auf den langen, beschwerlichen Weg von Hamburg-Barmbek – wir wohnten am Dulsberg – nach Kuddewörde zur Wassermühle am Sachsenwald. An einem schönen Septembertag baute er seine Staffelei auf, platzierte eine grundierte Hartfaserplatte darauf und skizzierte das Mühlen-Motiv. Schon vor Ort wurden die wichtigsten Farben in Öl aufgetragen. Zu Hause im Wohnzimmer vollendete er dann das Gemälde.

Fast 60 Jahre später gehört die Grander Mühle zu meinen jährlichen Ausflugszielen, sei es, um nur ein Eis zu genießen oder gar mit Freunden bei gutem Essen ein paar schöne Stunden dort zu verbringen. Betrachte ich die alten ehrwüdigen Balken und Gemäuer mache ich gedanklich einen Zeitsprung zurück in vergangene Tage und Jahrhunderte. Die Grander Mühle hat eine lange wechselhafte Geschichte hinter sich.

Ölgemälde von Kurt Fischbeck (1920-2007) aus dem Jahre 1958.

Inzwischen gibt es viele Quellen aus denen etwas über die Historie der Grander Mühle zu erfahren ist. Ich habe hier kurz die wichtigsten Fakten zusammengetragen: Die Wassermühle wurde laut Wikipedia 1345 erstmals urkundlich erwähnt. Danach stand bereits 1303 eine Mühle dort. Im Stormarn-Teil des Abendblattes wird 1248 als erste urkundliche Erwähnung genannt. Wie auch immer – das Gemäuer und Gebälk verströmt eine lange Geschichte. Die Ritter der Scharpenbergs werden als Besitzer genannt, die kenne ich übrigens schon als räuberische Genossen von der Burg Linau [> S. 52]. Dann kommt irgendwann das Kloster Reinbek ins Spiel und mehr als hundert Jahre später werden wieder Ritter die Besitzer. Die Ritter von der Lieth sterben aus und die Mühle geht in den Besitz der Sachsen-Lauenburgischen Regierung über.

Als Kaiser Wilhelm I. am 24. Juni 1871 seinem Reichskanzler Otto von Bismarck den Sachsenwald schenkte, gehörte auch die Grander Mühle dazu. Die von Bismarcks verkauften allerdings 1891 die Mühle an die damalige Pächterin. Die Pächter und Besitzer wechselten häufig und damit auch die Nutzung. Nachdem 2012 das Restaurant ‚Bonelli' und Teile der Mühle einem Brand zum Opfer fielen, hat das Restaurant ‚Il Caminetto', mit einer interessanten italienischen Speisekarte, seine Pforten geöffnet.

Das alte, hölzerne Mühlenrad lässt erahnen, welche Kraft für das Mahlwerk im Inneren der Mühle nötig war.

Quelle: www.wikipedia.org

An schönen Sommertagen wird die passende Gelegenheit genutzt, um einen Ausflug zur Grander Mühle zu machen. Ein erfrischendes Getränk im Biergarten des Mühlenlokals ist bestimmt genau so gut wie ein Klönschnack neben dem hölzernen Mühlenrad.

Sollte der geneigte Leser vielleicht einen sonnigen Wintertag erwischen, dann ist das schneebedeckte Mühlengelände allemal ein interessantes Fotomotiv. ■

Rechts oben: ,Hallo Walter, was machst du denn hier an der Mühle?'

Darunter: In der warmen Jahreszeit sitzen die Gäste des ,Il Caminetto' gern im Freien neben der Bille.

Die Bille hat freien Lauf durch die offenen Stauklappen.

Die Schinkenkate macht nach der Restaurierung einen sehr einladenden Eindruck.

Katenschinken aus Grande?

▶ Wer weiß wie oft habe ich einen ‚Pit-Stopp' am Grander Katenschinken-Bistro gemacht. Hier ist Halbzeit während vieler meiner Radtouren. Ein erfrischendes Getränk und ein gut belegtes Schinken-Brötchen bringen verbrauchte Energie zurück. Ich bin auch nie allein. Hier herrscht reger Betrieb, denn Wanderer, Biker, Radwanderer oder Auto-Ausflügler kehren gern hier ein. Und der Schinken ist beliebt – nicht nur zur Spargelzeit. Auch wenn der Schinken in Hamburg-Poppenbüttel hergestellt wird. In unserer Region gilt der Eigenname ‚Grander Schinken' und der schmeckt – mir jedenfalls!

Das Gebäude-Ensemble ist in den letzten Jahren sehr ansehnlich saniert und restauriert worden. Als häufiger Gast erfreut es mich und lädt viele andere Besucher zum Verweilen ein. Selbst die viel befahrene Kreuzung stört kaum. Wenn ich absolute Ruhe wollte, sollte ich mir ein moosiges Plätzchen im nahen Sachsenwald an meiner Bille suchen.

Das ist genau das passende Stichwort. Hier, bei der Schinkenkate und der Grander Mühle, beginnt die naturgeschützte Bille. Ihr Lauf führt sie entlang des großen Sachsenwaldes. ■

Schönes Billeufer

Hat die Bille die Grander Mühle passiert, beginnt das Naturschutzgebiet Billetal. Für viele Kilometer schlängelt sich der angewachsene Fluss an Abbruchkanten und Steilhängen um den westlichen Sachsenwald herum. Hier werde ich auf Tour gehen und Interessantes aufspüren.

Herbstliche Fruchtdolde des Wiesenbärenklaus.

Zehntausende Autos täglich

Der A24-Verkehr rollt 500 m voraus über die Bille-Brücke.

▶ Der Bau der Autobahn 24 Hamburg-Berlin war in den 1970er-Jahren ein weitsichtiges Zugeständnis der Bundesrepublik Deutschland in Hinblick auf eine Verbesserung der politischen Lage mit der DDR und eine mögliche spätere Wiedervereinigung. Die Proteste der Umweltschützer gegen die Trassenführung durch den Sachsenwald sowie die Weigerung der Familie von Bismarck, Bauland zur Verfügung zu stellen, wurden erst durch eine Direktive des Bundesverkehrsministeriums beendet. Die Autobahn stellte auch eine Notwendigkeit für Hamburg dar, den Warentransport vom Hamburger Hafen ins osteuropäische ‚Hinterland' zu gewährleisten.

Bis zu 48.000 Fahrzeuge durchqueren den Sachsenwald laut Landesbetrieb für Straßenbau und Verkehr in Schleswig-Holstein täglich über die A24. Das „Rauschen" der rollenden Räder ist bis in weite Bereiche des Waldes hinein rund um die Uhr zu hören. Lärm und Abgase stören hier die Natur.

In der Mitte fließt die Bille zwischen den Betonpfeilern hindurch.

Quellen: www.wikipedia.org,
www.bpb.de/geschichte/zeitgeschichte (Bundeszentrale für politische Bildung)

Vor diesem Hintergrund kann ich das Unbehagen der Umweltschützer und der von Bismarcks gut verstehen. Ich bin oft entlang der Bille und des Sachsenwaldes unterwegs und empfinde die unnatürliche Teilung des Waldes an dieser Stelle als sehr unangenehm. Das Wild kann hier nur unter erschwerten Bedingungen über die Fahrbahn in den nördlichen Waldteil wechseln. Ob der Streifen unter der Autobahnbrücke als Wechselmöglichkeit reicht oder gar angenommen wird, bleibt dahingestellt.

Die Bille wird unter der Brücke durch Spundwände mittig hindurchgeleitet. Auf Fische und Wasservögel hat die Betonbrücke an der Stelle wohl keine großen Auswirkungen. Jedenfalls sehe ich, dass wenige Meter davor oder dahinter der natürliche Zustand vorhanden ist.

Autobahnen sind wichtige Bestandteile unseres heutigen Lebens. Über die Streckenführung kann man nur vor dem Bau streiten. Die A24 ist die schnellste Straßenverbindung nach Berlin und wir brauchen sie. Deshalb haben wir uns knurrend damit abgefunden. Wie spätere Generationen das sehen, bleibt offen.

Wenn ich von Grande oder dem Witzhaverviert kommend auf dem Waldwirtschaftsweg unter der Autobahn hindurch fahre und mich weiter entferne, hoffe ich, dass das Zwitschern der Vögel bald das Autobahnrauschen übertönt. ■

Stählerne Spundwände sorgen dafür, dass die Bille die Brückenpfeiler nicht unterspült.

Noch wenige hundert Meter dann strömt die Corbek in die Bille.

Dreifach Wasser für die Bille

Jubiläumsstein an der Ortsdurchfahrt.

▶ Auf dem Witzhaver Gemeindegebiet wird meine Bille dreifach kräftig mit Wasser versorgt. Flussabwärts spenden hier die Witzhaver Au, die Corbek und die Hahnenbek reichlich von dem kostbaren Nass. Die Bille bildet die südliche Grenze der Gemeinde zum Sachsenwald und damit zum Kreis Herzogtum Lauenburg. Alle genannten Zuflüsse strömen von Norden her zur Bille.

Die Möllner Landstraße ist die Hauptdurchgangsstraße von Reinbek nach Trittau. Durchschnitten wird das Gemeindegebiet von der Bundesautobahn A24 mit eigenem Anschluss. Das macht Witzhave als Wohnort attraktiv, aber auch für das Gewerbe. Ich konnte während meiner zahllosen Radtouren zu den Bille-Gewässern feststellen, dass viele neue Wohngebiete entstanden. Witzhave hat inzwischen mehr als 1500 Einwohner. Gewerbebetriebe entstanden nahe der Autobahn.

Nach dem Passieren des großen Ehrensteins ‚750 Jahre Witzhave' gelange ich durch den Ort zum Gut Heinrichshof. Das idyllisch gelegene Gutshaus am großen Teich, durch den die Corbek zur Bille fließt, befindet sich in Privatbesitz. ■

Ein Hingucker, der kleine Uhrenturm auf einem Gebäude am Gut Heinrichshof.

Der Teich am Gutsgebäude wird von der Corbek gespeist.

Quellen: www.wikipedia.org

Im Wald ganz hinten vereinigt sich die Witzhaver Au mit der Bille.

Baumporling Farbvariante

Baumporling Farbvariante

Baumporling Farbvariante

Pilzkunstwerke am Billeufer

▶ Mein Lieblingspilz im weiten Billewald ist der Baumporling. Kaum zu glauben, in wie vielen Farbvarianten er anzutreffen ist. Irgendwie sind es alles sehenswerte Kunstwerke. Ich ertappe mich immer wieder dabei, wie ich dann innehalte und eine kleine Weile auf die – korrekterweise ‚Baumschwamm' genannten – Pilze schaue. Der rotrandige Baumschwamm ist der häufigste und siedelt meist auf toten Nadelhölzern. Besonders im Randstreifen des Auenwaldes mit viel Totholz sind die Baumporlinge oft anzutreffen. ■

Gute, neue ‚Lange Brücke‘

▶ Im Mai 2005 stand ich bei Witzhave an der Bille und wollte über die Lange Brücke in den Sachsenwald. Leider war sie nicht mehr da. Das marode Teil hatte wohl seinen Geist aufgegeben. Im Jahr darauf sah es wieder besser aus. Schon im Januar 2006 wurde begonnen eine schöne Holzbrücke zu errichten. Diese Brücke ist auf dem Bille-Abschnitt eine wichtige Überquerungsmöglichkeit für Wanderer und Sachsenwaldradler. Im Juni war sie fast fertig und kurz darauf konnte ich endlich wieder hinüber.

Im Stormarn-Teil des Hamburger Abendblattes fand ich einen Bericht von der Einweihung, zu der auch 100 Mitbürger gekommen waren. Die alte Brücke war nach dem Frühjahrshochwasser 2001 schwer in Mitleidenschaft gezogen worden. Ein örtlicher Handwerksbetrieb und das THW Hamburg-Bergedorf bauten die neue Brücke auf vier 12 Meter tief reichende stabile Fundament-Stahlpfähle. Die neue Brücke ist demnach aus solidem Eichenholz gefertigt und sieht, wie ich finde, sogar richtig gut aus. Die Gemeinde Witzhave und die beteiligten ‚Brückenbauer‘ haben unter den ungewohnten Bedingungen gute Arbeit geleistet. Der Dank der Radler und Wanderer ist ihnen hundertprozentig gewiss. ■

Quelle: www.abendblatt.de/region/stormarn

Rechts: Der Uferbereich der Bille ist sehr weich und morastig. Deshalb mussten stabile Stahlpfähle tief versenkt werden.

Links: Es geht voran. Im Januar 2006 war das Gerüst der neuen 23 m langen Brücke bereits vom THW aufgebaut.

Oben: Im August 2006 konnte ich endlich wieder über die schöne, neue Brücke gelangen.

Willkommen im Sachsenwald

Ab Grande und Witzhave ist die Bille Begleiter des Sachsenwaldes. Sie hat sich ‚gemausert' zu einem beachtlichen Flüsschen. Jährlich viele Male durchstreife ich den Sachsenwald und lande oftmals an den steilen Ufern ‚meiner' Bille.

Hier strömt die Bille direkt hinter der Parkbesitzung ‚Forellenau' (Ortsteil von Witzhave) vorbei.

Kleines Foto:
Von der Hahnenkoppel
(nördlich der A24)
fließt die Hahnenbek zur Bille.

Der Sachsenwald

Mit der Bille auf ewig verbunden. Schleswig-Holsteins größtes zusammenhängendes Waldgebiet wird im Nordteil von Autobahn und ICE-Fernbahnstrecke durchschnitten. Aus der nahen Metropole Hamburg kommen jährlich Hunderttausende Besucher hierher. Glücklich sind wir, die am Sachsenwald wohnen.

Diese junge Eiche hat noch ein langes ‚Sachsenwald-Leben' vor sich. Genau wie die Buche im Hintergrund und die ganz jungen Lärchen vorne.

▶ Wir wohnen seit 1980 am Sachsenwald – im Billebogen Krabbenkamp. Allmählich ist mir der herrliche Wald sehr vertraut. Ich kenne inzwischen sehr viele Wege, die zu unserem ‚Spaziergang-Programm' gehören. Gelegentlich sehe ich Zeugnisse der Vergangenheit, denen ich meine subjektive Interpretation verpasse. Dann stelle ich mir die Geschichte vor, wie die Sueben und Langobarden im Jahr 0 unserer Zeitrechnung in dieser Gegend an der Unterelbe und der Bille lebten. Als sich ihre Lebensbedingungen verschlechterten, machten sie sich ein paar Jahrhunderte später während der Völkerwanderung auf den Weg in den Süden. Auf dem verlassenen Land breiteten sich nun vorwiegend Buchen und Eichen aus. Sie bildeten eine fast geschlossene Waldlandschaft von der Ostsee bis nach Niedersachsen. Zurzeit Karls des Großen war der Grenzwald zu den Slawen Bestandteil des ‚Limes Saxoniae'.

Den Namen ‚Sachsenwald' erhielt er wohl im 13. Jahrhundert, als die Herzöge von Sachsen-Lauenburg in den Besitz des Gebietes kamen. Sie forsteten zusätzlich zur Buche und Eiche nun auch Fichten auf. Die Holzwirtschaft begann. Baumstämme wurden die Bille abwärts nach Bergedorf hinuntergeflößt. Mitte des 15. Jahrhunderts gelangte der Sachsenwald in den Besitz der Hansestädte Hamburg und Lübeck. 1865 wurde der Sachsenwald preußisch.

Nur sechs Jahre später, im Juni 1871, schenkte der deutsche Kaiser Wilhelm I. seinem Reichskanzler, Otto von Bismarck, den Sachsenwald. Gleichzeitig erhob der Kaiser den Adeligen aus Schönhausen (heute Sachsen-Anhalt) in den Fürstenstand. Der Sachsenwald mit dem Schloss Friedrichsruh steht seitdem im Blickpunkt der deutschen Öffentlichkeit. Bismarck lebte hier bis zu seinem Tod im Jahre 1898.

Die ‚Ochsenbek' durchfließt die Schafswiese vor dem Forsthaus Friedrichsruh. Hier trainierte in den 1930er-Jahren der legendäre Boxer Max Schmeling.

Quelle: www.wikipedia.org

Seinen Nachfahren gehörte seitdem der knapp 6000 Hektar große Sachsenwald. 2003 erwarb der Reeder Eberhart von Rantzau ein Drittel des Waldes, den er für sich und seine Gäste zur Jagd nutzt. Gejagt werden vorwiegend Rotwild, Damwild, Reh und Wildschwein. Damit verbunden ist in relativ großem Umfang die Pflege und Hege des Forstes.

Heute (2016) wird der Sachsenwald von Fürst Ferdinand von Bismarck mit seiner Frau Elisabeth und deren Sohn Gregor Graf von Bismarck verwaltet. Auf der hübsch gestalteten Internetseite www.sachsenwald.de „Natur & Erholung im Sachsenwald" finde ich nützliche Tipps und Hinweise zu diesem einzigartigen Waldgebiet im Kreis Herzogtum Lauenburg. Hervorgehoben wird besonders die Natur, dargestellt mit einer Reihe von Fotos. Gregor von Bismarck führt die Geschäfte verantwortlich in vielen Bereichen. Dazu gehört auch die Forstverwaltung. Mit drei Revierförstern managt er die Forstwirtschaft.

Eines seiner Anliegen ist es – wie er auf der Internetseite schreibt – den Menschen in dieser hektischen Zeit Ruhe und Erholung im größten zusammenhängenden Waldgebiet Schleswig-Holsteins, dem Sachsenwald, anzubieten.

Einmal im Jahr schwinge ich mich aufs Rad und umfahre den kompletten nördlichen Teil des Sachsenwaldes. Von Reinbek-Krabbenkamp über Witzhave, Grande, Kasseburg nach Schwarzenbek und weiter über Dassendorf zurück. Da zweige ich gelegentlich ab in den südlichen Bereich und gelange über die Wentorfer Lohe und Wohltorf nach Hause. ■

Das Haus von Bismarck betreibt Holzwirtschaft. An den Wegesrändern die zum Abtransport gepolterten Holzstämme.

Quellen: www.wikipedia.org, www.sachsenwald.de, Diverse

Flach am Hang entlang

▶ Gut sichtbar, inzwischen sogar ziemlich breit, schmeichelt sich das kühle Bille-Wasser am verwurzelten oder sandigen Ufer entlang. Es will Sachsenwaldau erreichen und Aumühle bei der Bismarck-Quelle. Dort ist der große Empfang für die Au schon vorbereitet. Quer durch den Sachsenwald kommt sie mit strömendem Schwall aus Schwarzenbek daher.

An den Steilhängen der Bille kann der Eisvogel [> S. 187] sein Domizil aufschlagen. Schwarzerlen säumen die feuchten Uferbereiche. Über den Wipfeln zieht der Mäusebussard seine Bahnen: „Jyääh-jyääh“ und wieder „jyääh-jyääh“. Es dauert, bis ich ihn entdeckt habe. Auf dem dicken Stein im Bille-Wasser wippt die Bachstelze ihren langen Schwanz. Und fast lautlos flitzt und springt das Eichhörnchen-Paar den Eichenstamm hinauf.

Ich dagegen habe entlang der Bille einmal wieder die ‚Doktorbrücke‘ erreicht. Sie ist ein wichtiger Übergang von Burgstall/Mühlenbek und Sachsenwaldau kommend über die Bille in den „Alten Hau“. So heißt diese nordwestliche Ecke des Sachsenwaldes. Ich verlasse den Fluss und gehe quer rüber zum Weg vom Witzhaver Viert nach Aumühle. Auf der ‚Lindenallee‘ direkt nach Aumühle oder ins „Italia“ ein Eis schlecken. ■

Sedimente setzen sich am sandigen Grund der Bille ab, während das Wasser ruhig dahinfließt.

Heute zu ‚Hoppelino' im Billeland

▶ Tagesausflug zum Heuhof! Mein Enkel Frederik war schon Tage vorher erwartungsvoll aufgeregt. Zwischen Kasseburg und Schwarzenbek an der B404 bei Ödendorf am Sachsenwald finden wir Haases Heuhof*, auch als „Hoppelino" bezeichnet. Die „Igelgruppe" aus der Kita machte bei herrlichem Sonnenschein einen Ausflug. Da ging es hoch her: Auf dem Pony reiten, Kleintiere füttern und natürlich spielen. Auf Hüpfburgen toben auf dem Kett-Car fahren oder eine Runde im vom Trecker gezogenen Heuwagen drehen.

Frederik war richtig geschafft nach dem tollen Spieltag. Es ist auch möglich, dort Geburtstag zu feiern oder in der Heuherberge zu schlafen und mit der Familie einige Tage auf dem Bauernhof zu verbringen. Sonntags ist das Café geöffnet. ■

Frederik reitet stolz auf einem Pony.

Fotos: KATHI ANDRESEN

* Infos: www.hoppelino.de oder www.haases-heuhof.de

Vorgeschichte entlang der Bille

▶ Entlang meiner Bille stoße ich häufig auf Zeugen aus der Vorgeschichte. Mal als leichter Hügel, mal als Ansammlung von Findlingen. Auf meinen Messtisch- und Wanderkarten stehen Begriffe wie Hünengrab, Hügelgrab oder Großsteingrab.

Beim Googeln finde ich eine Erklärung für ‚Heune' in einer Encyklopädie von 1781 u.a.: ‚Ein Riese ... er ist so große wie ein Heune' – unter den heidnischen Einwohnern wurden die großen Steinhaufen Heunengräber, Hünenbetten, Hünenhügel genannt. Und bei den alten Friesen bedeutete Hüne/Hünne ein Toter und das Totenkleid wurde Hünenkleid genannt. Sehr interessant, welche Geheimnisse unsere alte Sprache verbirgt.

Ich zücke nun ein kleines Büchlein von 1964 aus meinem Regal. „Vorgeschichtliche Denkmäler und Funde in Schleswig-Holstein". Darin erklärt mir der Autor Hans Hingst, was ich wissen möchte: Hünengräber sind die Großsteingräber, die aus der Zeit um 2000 v. Chr. stammen und von den ältesten Siedlern unserer Region angelegt wurden. In den unterschiedlich großen Steinkammern wurden die Toten mit Grabbeigaben wie Flintbeile oder -äxte oder gar Bernstein bestattet. Einige Jahrhunderte später wandelte sich die Bestattungsform. In den nun vorherrschenden Hügelgräbern wurden die Verblichenen in Baumsärgen beerdigt. In weiterer Zeit wurden die Verstorbenen verbrannt und in kleineren Steinsetzungen, bald auch in Urnen beigesetzt.

Die meisten Großsteingräber und Hügelgräber wurden durch die Intensivierung der Felderwirtschaft einfach platt gemacht und die Steine an die Feldränder gerollt. Allerdings waren einige Hügel so groß, dass sie diese Einebnung überlebt haben. In Dassendorf befinden sich zwei große Steingräber [> S. 168], die gut zu erreichen sind. Im Sachsenwald, der in vorangegangenen Jahrhunderten meist Waldgebiet war, sind viele ursprüngliche Hügel (Grabhügel) erhalten. Vom Wegesrand aus eben oft im Blickfeld. ■

Im winterkahlen Gehölz sind die Hügelgräber gut auszumachen.

Oher Gräberfeld

▶ Es sollte nur ein Abstecher sein. Doch es entpuppte sich als höchst interessantes Ausflugsziel. Das „Oher Gräberfeld“ am Ortsrand des Reinbeker Stadtteils Ohe. Irgendwie klingt es historisch interessant: „Oher Gräberfeld“. Ein Grund mit dem Rad vorbeizufahren. Es liegt nicht allzuweit von der Bille entfernt. Zwischen Ohe, Sachsenwaldau, Mühlenbek und Burgstall, südlich des Staatsforstes Trittau. In Karten sind hier „Hügelgräber“ verzeichnet, die es zu suchen und zu finden gilt. Am Ausgangspunkt eines Rundwanderweges (hinter dem Oher Eierhof gelegen am Weg Richtung Burgstall) steht ein erstes Hinweisschild, das mich aufklärt.

„Billi Buntspecht“ heißt der gezeichnete Geselle auf den Stelltafeln, der für die nächste Stunde mein Begleiter wird. Schön der Reihe nach gehe ich den Rundwanderweg entlang, um bei jeder neuen Infotafel unserer archäologischen Vorgeschichte näher zu kommen. Für den unvorbelasteten Geschichtsinteressierten wird sehr anschaulich und verständ-

Sitze aus Eichenholz bieten Platz für die Hörer von archäologischen Führungen.

lich erklärt, was in der Bronzezeit zu dieser Ansammlung von Hügelgräbern geführt hat:

„Bei dem unter Denkmalschutz stehenden Oher Gräberfeld handelt es sich zumeist um Gräber der älteren bis mittleren Bronzezeit (1600 bis 900 v. Chr.). Während der älteren Bronzezeit (1600 bis 1200 v. Chr.) legte man die Verstorbenen in Baumsärge mit Steinschutz. Ab 1000 Jahre v. Chr. setzte sich die Leichenverbrennung durch. Der Leichenbrand wurde in kleinen Steinpackungen, später in Urnen bestattet. Während der jüngeren Bronzezeit (ab 900 v. Chr.) und in der Eisenzeit erfolgte die Beisetzung in Urnen auf Urnenfriedhöfen oder als „Nachbestattung" in bestehenden Hügelgräbern. Der Tote bekam für seine Reise ins Jenseits Gegenstände ins Grab gelegt. Die Grabstätte wurde von einem Steinkreis umschlossen, dem magische Bedeutung zugesprochen wird. Die Bewohner des südstormarnschen Gebietes gehörten der Ilmenau-Kultur an, deren Zentrum im Raum Uelzen-Lüneburg lag. Der heutige Kreis Stormarn war also der Grenzraum zur nordischen Bronzekultur."*

Darüber hinaus bieten die neuen Infotafeln (seit Juni 2015) sehr viele Zusatzinformationen zur Vorgeschichte unter Berücksichtigung der letzten Eiszeiten und der geologischen Folgen in Schleswig-Holstein und besonders in Stormarn.

Unterstützt wurde die Neugestaltung des Rundwegs mit vielen Hinweistafeln und Sitzmöglichkeiten für Führungen von der Stiftung Sparkasse Holstein + Sparkassenstiftung Stormarn unter Federführung des Archäologischen Landesamtes Schleswig-Holstein. Der Heimatverein Schönningstedt-Ohe betreut heute das Areal. Ich kann nur empfehlen: Bei schönem Wetter einfach mal vorbeischauen. Anmerkung des Autors: Leider sind die 20 Hügelgräber im Sommer oft von Brombeersträuchern überwuchert.

Und wer mehr über unsere Vorgeschichte wissen will, besucht mal in Schleswig das Archäologisches Landesmuseum im Schloss Gottorf!

Dieser geheimnisvolle Schalenstein wird historisch unterschiedlich beschrieben. Er wurde vom Teich an der Straße ‚Großer Ruhm' in Reinbek hierher gebracht.

* Dieser Text stand auf der ehemaligen, historischen Hinweistafel vor der Erneuerung des Rundweges. Er fasst aber insgesamt die Schilderungen der neuen Tafeln gut zusammen.

Vom Gut Sachsenwaldau nach Ohe & Gut Schönau

▶ Hinter diesem ‚Namens-Dreiklang' verbirgt sich Erzählenswertes. Wenn ich also nach dem Überqueren der Doktorbrücke, westlich der Bille nach Südwesten radle erreiche ich Mühlenbek und Sachsenwaldau. Hier befand sich die Keimzelle Reinbeks, der erste Standort des Zisterzienserinnen-Klosters im 13. Jahrhundert bei Hoibek. Die gleichnamige Straße führt von Ohe zum Gut Sachsenwaldau. Hier hat sich in den letzten Jahren vieles getan. Die Pferdeakademie „Die Pferdeschule" mit Koppeln, Gebäuden, Pferdeställen, Reitbahn und mehr ist hier entstanden. Die befestigte Straße führt direkt zum Gutsgebäude, dem Sitz der Einrichtung „Fördern & Wohnen". Zur Billebrücke geht's halbrechts hinunter. Die hellen Gelbklinker-Gebäude hinter dem Teich mit dem ‚Café intakt' gehören zur Einrichtung. Menschen, die sich in sozialen Notlagen befinden und sich nicht selbst helfen können, finden hier Aufnahme, Hilfe und Unterstützung. Ich denke, die grüne Naturumgebung an der Bille trägt zur Genesung der Hilfebedürftigen bei.

Gutshaus Sachsenwaldau.

Quellen: www.die-pferdeschule.de, www.foerdernundwohnen.de

Oben: Die Sachsenwaldau-Bille-Brücke.
Rechts: Ein Bächlein schlängelt sich von Ohe nach Sachsenwaldau.

Zurück auf der Straße Hoibeken zum Ort Ohe [> S. 233]. Er ist ein Stadtteil von Reinbek und den meisten Leuten durch „Prahls Gasthof" ein Begriff. Beim FC Voran Ohe wird Fußball gespielt und im Hofladen der Familie Kröcher gibt es von April bis Juni frischen, schmackhaften Spargel. Die Oher Ortsfeuerwehr ist verschwistert mit der finnischen Gemeinde Padasjoki – dokumentiert am Padasjoki-Platz in der Großen Straße. Hinter der St. Michaelis-Kapelle, auf der Wiese, entspringt ein kleiner Bach, der sein Wasser zur Bille bei Sachsenwaldau bringt. Die Anwohner in den neuen schönen Häusern ‚Am Röhbrook' schauen rückwärtig auf das Rinnsal im hohen Gras, gesäumt von Birken und der ‚Weihnachtsbaum-Tannen-Schonung' des Gutes Schönau.

Von der Ortsmitte führt der Schönauer Weg zum Gut Schönau. Eine gute Adresse um sich die obligatorische Weihnachtstanne zu sichern. Ein Spaß mit kleinem ‚Frustfaktor' (wenn Mama das letzte Wort haben will). Aber die gegrillte Wurst und der Glühwein können alles wieder wettmachen. Und die Nordmanntanne ist natürlich die Schönste.

Zu Weihnachten schlagen wir am Gut eine Nordmanntanne.

In der großen Guts-Scheune kann fröhlich gefeiert werden.

Ebenso wäre es mir möglich in der historisch restaurierten Bismarckscheune in top-feinem Ambiente zu feiern. Bis zu 400 Gäste könnte ich einladen. Auf dem Heuboden kann man hochzeiten oder es ließe sich ein schönes Konzert organisieren. Also, wer sagt denn, dass man an der Bille nicht nach feiner Gutsherrenart das Leben genießen kann.

Lieblingsrunden

Viel Bille, viel Wald, viel Feld – so könnte ich meine Lieblingsrunden überschreiben. Das bedeutet eineinhalb bis zwei Stunden Natur pur.

Immer die Bille im Blick, wie sie in ihrem Bett dahinströmt. Die großen Eichen und Buchen, die unzähligen morschen, vermodernden Bäume im Auenwald. Unter den Stiefeln rascheln die braunen Blätter des Vorjahres. Licht und Luft erfreuen die körperlichen Sinne. Ich muss mich gar nicht erst groß anstoßen, um hinaus zu gehen. – Komm mit!

Zu jeder Jahreszeit passende Impressionen: Ob im Frühjahr der Flieder oder im Herbst die dunstigen Strahlen im Blattwerk.

Am Mühlenteich in Aumühle warten die Kamerunschafe auf Besuch.

Kurz, gut & schön

▶ Meist geht es in erster Linie um die frische, würzige Luft. Tu deinem Körper etwas Gutes und spaziere durch den Sachsenwald – entlang der Bille. Drei herrliche kurze Rundgänge stehen zur Auswahl. Der erste Lieblingsweg führt vom Krabbenkamp zur Fürstenbrücke. Dafür muss ich rund eineinhalb Stunden einplanen. Morgens oder Vormittags kommt die Sonne von hinten, dann ist es besser erst den Waldweg zu beschreiten. Runter und rauf durch den Krabbenkamp-Stadtpark, entlang der Bahnlinie, neben der Bille gegenüber dem Billenkamp in Aumühle.

Oft halte ich dann Ausschau nach meinem glitzernden Freund, dem Eisvogel. Klar, an dieser Stelle habe ich ihn schon häufig gesehen. Deshalb ist immer die Hoffnung dabei, dass mir der bunt schillernde Geselle gerade jetzt wieder begegnet. Über mir lenkt der Mäusebussard meine Aufmerksamkeit auf sich. Mit dem sich wiederholenden „jyääh ... jyääh ... jyääh" zieht er über den Eichen am Bahndamm seine Bahn. Beim Firmengelände der Bismarck-Quelle muss die L314 überquert werden. Hier ist Vorsicht geboten, denn die Autos halten sich äußerst selten an die gewünschten 50 km/h. Gut aufpassen! Die seitliche, hölzerne Fußgänger- und Radfahrer-Brücke auf der anderen Straßenseite überquert die Bille. Schaue ich übers Geländer sehe ich, wie vom Mühlenteich her die Au in die Bille fließt.

Hier ‚vermählen' sich Bille (von links) und die Schwarze Au.

Parallel zur Straße verläuft die Au. Wenige Meter weiter betrachte ich vom Gäste-Parkplatz der „Fürst-Bismarck-Mühle“ das herabstürzende Wasser am Wehr. Hier tummelten sich auf dem beidseitigen Wiesenhang über viele Jahre verschiedene Tiere. Ich erinnere mich, dass unsere Kinder, als sie klein waren, gerne zum „Füttern“ hierher kamen. Es gab Ziegen (auch heute noch), Schafe, Hängebauchschweine, Hühner, Gänse und einmal sogar einen Esel.

Die „Fürst-Bismarck-Mühle“ ist eines der drei Restaurants am Mühlenteich. Am Wehr ist gut zu erkennen, dass hier eine Mühle lange von der Kraft des Wassers angetrieben wurde. Schaumkrönchen gleiten dem Wald und damit der Bille entgegen. Auf holprigem Kopfsteinpflaster umrunde ich das Areal. Besonders an Wochenenden wird von diesem Startpunkt aus der Sachsenwald gern von Ausflüglern erkundet. Der Hauptweg, die „Lindenallee“, führt halbrechts in den Wald. Ich orientiere mich geradeaus, weil ich hinter dem Wasserschutzgebiet der Bismarck-Quelle direkt zur Bille laufen will.

Am Mühlenteichwehr stürzt das Wasser der Au abwärts. Gänse und Schafe auf der Weide erfreuen besonders die Kinder.

Vom Wehr am Mühlenteich führt der feuchte Weg direkt in den Sachsenwald.

Blickst du zurück, scheint immer die Sonne.

Es duftet schon nach Wald, Tannenzapfen und Moos. Dort, wo die Umzäunung des Quellen-Geländes endet biege ich links in den Wald. Unten springe ich über einen Graben-Zufluss, der auf dem Bismarck-Gelände weiter verläuft. Feucht und tief ist der ausgetretene Pfad und kurz darauf stehe ich am Ufer der Bille. Ich lausche dem leichten Plätschern des Wassers und entdecke bei jedem weiteren Spaziergang entlang der Bille natürlich immer wieder auffällige Veränderungen.

Mit den Jahreszeiten ändern sich die Bilder. Umgestürzte Bäume nach den Frühjahrsstürmen, grün und dicht die Sommerbelaubung und der Herbst macht alles bunt. Im Winter öffnet sich der Blick durchs Gehölz tief ins Gelände. Gut zu erkennen sind dann auch die vielen kleineren Gräben und Zuflüsse.

Kurz vor der Fürstenbrücke betrachte ich die saft-frischen, grünen Nadelaustriebe der Lärche. An der Fürstenbrücke laufen mehrere Wege zusammen. Von hier wandern Waldbesucher nach Aumühle, Sachsenwaldau, Gut Schönau, Silk oder Reinbek- Krabbenkamp.

Junge Lärchentriebe am steilen Billehang.

Die Fürstenbrücke in sonniger, eisiger Winterkälte – doch der Frühling naht.

Warum heißt dieser Bille-Übergang „Fürstenbrücke". Mit ein wenig Phantasie erkläre ich mir das so: Der ‚Fürstenweg' verbindet das Schloss Friedrichsruh, den Sitz Fürst von Bismarcks und seiner Nachkommen, mit dem Gut Schönau bei Ohe. Auch dies ist ein Bismarckscher Besitz. Der alte Fürst Otto von Bismarck hat mit Kutsche und Lieblingshund seinerzeit sicherlich gelegentlich diesen Weg benutzt. Jetzt wird er von Wald-Wirtschaftsfahrzeugen befahren und weist stellenweise Kopfsteinpflasterung zur Verstärkung der Befahrbarkeit auf. Mit festem Schuhwerk oder geländegängigen Rädern kann der Naturfreund hier natürlich auch durchkommen.

Vorbei an ‚uralten' dicken Eichen oder Hainbuchen biege ich kurz vor dem Gut Schönau nach links ab, um quer durch die Feldmark zum Krabbenkamp zurück zu gelangen. In Sichtweite des Klingeberges (knapp 60 m hoch) schlendere ich auf einem Teilstück des Europäischen Fernwanderwegs entlang. Auf den Feldern steht im Sommer der Weizen oder manchmal auch Raps. In den letzten Jahren sind mehrere Feldbereiche für den Anbau von Weihnachtsbäumen präpariert worden. Tja, hier kann ich meine nächste Nordmanntanne bereits in Augenschein nehmen.

Beim zweisamen Spaziergang lässt sich viel besprechen.

Die zweite Lieblingsrunde führt mich zu Beginn wieder vom Krabbenkamp direkt in die Feldmark. Ich wandere nun eine lange Zeit in Sichtweite des ‚Bismarckturms' [> S. 218] um den Hammelsberg (39 m) herum. Oben steht ein stabiler Ansitz/Hochsitz, der den Jägern freies Blick- und Schussfeld bietet. Zur Jagdzeit müssen Reh und Wildschwein, vielleicht auch der Hase und Fasan dann besonders gut aufpassen ...

Die Wirtschaftswege, auf denen ich jetzt weiterwandere, haben offensichtlich eine lange Geschichte hinter sich. Ich sehe vielerorts, dass alte Buchen und Eichen die Ränder säumen. Bevor es die schnellen Asphaltstraßen für die heutigen motorgetriebenen Autos gab, haben sich in der Vorzeit die Menschen mit Kutschen und Karren durchs Gelände gequält. Über die ehemaligen Ortsverbindungen freut sich heute nur der Wanderer und Spziergänger.

Vorbei an einem alten Tannenforst finde ich eine Holzbank, gestiftet von ‚Norbert + Inge'. So steht es eingeschnitzt in den Sitzbohlen. Wer sich also ein Päuschen gönnen möchte, sei herzlich eingeladen. Ich spaziere auf dem Trampelpfad am Feldrand weiter Richtung Silkerfeld. Am Wegesrand werfe ich jedes Mal einen Blick auf den ganz alten Ameisenhaufen [> S. 274]. Der ist inzwischen mindestens 20 Jahre alt. Und die Ameisen sind fleißig wie eh und je.

Hier kann man sich als Fisch ja nur wohlfühlen. Teiche, wie sie im Buche stehen.

‚Fischteiche wohin das Auge blickt'. Dieses Motto gilt für das abwechslungsreiche Gelände entlang der gesamten Bille. Hier am weitläufigen Silker Feld haben sich etliche Hobby-Fischer ihr Refugium gesichert. Sehr gepflegte künstlich angelegte Teiche, die auch Wasservögeln aller Art gefallen. Am Jahresende bewundere ich gerne die aus dem Schilf ragenden ‚Pompesel' (Früchte des Rohrkolbens). An der Landesstraße von Schönningstedt nach Aumühle (L314) ist „Niemanns Gasthof" ein oft geplantes Ausglugsziel. Verlockend ist die Möglichkeit für die Gäste, nach einem guten Essen den anschließenden Spaziergang in der Umgebung zu machen.

Die dicke, alte Eiche am Straßenrand zeigt ihre ‚Narben' von einigen Unfällen in den letzten Jahren. Deshalb und auch weil die Fußgänger hier sicher über die Straße gelangen sollen, müssten Autofahrer die Geschwindigkeit möglichst reduzieren.

Frisch angepflanzte, junge Linden weisen nun exakt den Weg zum Billebogen in Wohltorf. Steil geht's den Hang hinunter zum ‚Silker Steg', der hinüber zum Wohltorfer Bahnhof führt. Rechts und links Auwald-Sumpf in voller Pracht. In den ‚Überschwemmungswochen' zu Jahresbeginn ist hier kein Durchkommen. Kreuz und quer im dunklen Schlamm die modernden Baumstämme. Im Frühjahr sprießt hier das üppige Grün aus dem nährstoffreichen Überschwemmungsresten.

Am Billeufer hinter den Grundstücken am Wohltorfer Billetal führt mein Weg zur Bahnunterführung und der Wohltorfer Grundschule am Alten Knick. Hier begleiten mich wochentags fröhliche Kinderstimmen, auch aus dem nahegelegenen Kindergarten. Generation um Generation wächst nach und erinnert an die schönen Tage unserer eigenen Kinder.

Der ‚Krabbenkamp-Steg' überspannt die Bille direkt neben der großen Steinbogenbrücke der Fernbahn. Das letzte Stück des Weges ist meine ‚Hausstrecke', wie wahrscheinlich auch für die meisten Krabbenkamper Nachbarn. Im großen Halbkreis um die Siedlung führt gewissermaßen ein ‚Doppelweg'. Einmal direkt an den Pferdekoppeln des Landschaftsschutzgebietes hinter den Wohngrundstücken. Wenige Meter weiter unten, im Naturschutzgebiet der Waldweg. Selten hat man die Gelegenheit, so nah am Billelauf zu spazieren, zu wandern oder seinen Hund ins Freie zu lassen.

Wenn dann hin und wieder ein ‚Mountain-Biker' vorbeifährt oder -springt ist die Freizeit-Freude perfekt. Kurz vor der Haustür, nach eineinhalb Stunden, höre ich hinter mir im Billewald den Kuckuck rufen.

Über den Krabbensteg gelangen die Kinder vom Krabbenkamp zur Grundschule Wohltorf.

In Wirklichkeit gibt es ja noch viel mehr schöne Lieblingsrunden, aber diese, die dritte, gehört mit zu meinen bevorzugten. Sie führt mich Start Krabbenkamp – Ziel Schlossteich Friedrichsruh, zum Schmetterlingsgarten und zurück. Gleich unten an der Bille geht es los. Haarscharf am Bahndamm entlang, wo während des Baus der Bahnlinie Hamburg–Berlin um 1844 die Bille eine kosmetische Begradigung [> S. 300] erfuhr. Hier kann es auch schon mal glitschig werden, weil das Wasser bis auf den Weg reicht. Unter der Bahnbrücke hindurch am entgegengesetzten Ufer zur Seniorenresidenz Augustinum Aumühle vorbei bis zum Werksgelände der Bismarck-Quelle.

An der lauten Straße ein kurzes Stück bis zum Mühlenteich. Das Restaurant ‚Fürst-Bismarck-Mühle' am Wehr, das Fischerhaus mit dem Restaurant ‚Italia' und das Restaurant ‚Waldesruh am See' ziehen jährlich unzählige Gäste aus Nah und Fern an. Die Restaurants liegen hier sehr idyllisch am Mühlenteich. Die Wege um den kleinen See und in den Sachsenwald hinein tragen zur Beliebtheit bei. Die nahe S-Bahnstation Aumühle ermöglicht vielen Hamburgern ihren Ausflug hierher zu unternehmen.

Ich wandere weiter und zwar um den Mühlenteich herum. Vorsicht am Wehr! Achten Sie auf Ihre Kinder. Die Strömung ist super-gefährlich!

Restaurant „Fürst Bismarck-Mühle".

Restaurant „Waldesruh am See".

Restaurant „Italia" im Fischerhaus.

Der Mühlenteich und die Au bieten Fotomotive ohne Ende. Je nachdem wie das Licht einfällt, glitzert das Wasser wie tausend Diamanten. Das Reetgras vom Vorjahr hebt sich mit seiner hellen Farbe vom dunklen Hintergrund ab. Entenflott, das grüne, klitzekleine Gewächs an der Wasseroberfläche, wechselt sich mit den versunkenen Blättern am Flussgrund ab. Wasserläufer nutzen die Oberflächenspannung des nassen Elements und flitzen hin und her.

Der Trampelpfad endet querab beim Lokschuppen [> S. 201] an der kleinen Holzbrücke über die Au, die von hier an für 400 Meter parallel zum Bahndamm verläuft. Gegenüber, etwas oberhalb führt der ausgeschilderte Gehweg nach Friedrichsruh und damit zum Schmetterlingsgarten. Ein Stück weiter wechselt die Au zum Wald hinüber. Ich laufe im Sommer nun an dem schönsten Wildblumenbeet weit und breit entlang. Hier flimmert ein Blütenmeer in allen Farben des Spektrums. Darüber flattert das Schmetterlingsleben. Das sind aber nur die freien Schmetterlinge, die es hier im Billeland überall gibt.

An der Pferdekoppel stehen Ponys, die mit ihren treuen Augen herzallerliebst herüberschauen. Wer betrachtet wen? Und dann habe ich das Ziel erreicht. Kehrtpunkt ist der diesseitige Schlossteich, von wo ich zuvor noch auf die Insel der Besinnung blicken kann.

Die weiße Holzbrücke führt zur Insel der Besinnung. Dort hat Fürst Otto von Bismarck, dessen Büste hier aufgestellt ist, vermutlich oft mit seinem großen Reichshund gesessen.

Den „Garten der Schmetterlinge" [> S. 197] von Fürstin Elisabeth von Bismarck werde ich später besuchen. Ich marschiere zurück am Besucherparkplatz gleich links. Das Zischen des ICE, der über die Gleise nebenan brettert, stört nicht den Blick auf die ehrwürdige ältere Nordmanntannen-Schonung. Ich bleibe auf dem Weg am Fuße des Bahndamms und komme direkt zum „Lockschuppen" Aumühle. Das ist eine echte Attraktion für Groß und Klein. Die besuche ich mit den Enkelkindern noch separat.

Entlang der südlichen Seite des Mühlenteiches bis zu der Reithalle schlängelt sich der Weg durch Buchenwald. Im Waldparkplatz Aumühle können Besucher oder Pendler ihre Autos parken. Ich schlendere am Bahnhof vorbei und komme zum Minigolfplatz am See. Der liegt idyllisch zwischen den anfangs erwähnten Restaurants. Immer ein gutes Ziel für sonnige Freizeit.

Noch eine gute Viertelstunde, dann bin ich wieder zu Hause. Ich nehme den Weg entlang der Straße, um bei der Bismarck-Quelle in den ‚Krabbenkamp-Stadtpark' abzubiegen. Ein letzter Kontrollblick, ob ‚mein' Eisvogel vorbeischwirrt und dann kann es passieren, dass ich einen phänomenalen Sonnenuntergang erlebe. Ich finde, meine kleinen Spazierrunden haben es in sich. Also ich bin jedenfalls höchst zufrieden. ■

Das ist ein echter Sonnenuntergang am Krabbenkamp-Stadtpark. Weil das Stativ zu Hause lag, freihändig fotografiert. Dennoch sehr stimmunsvoll.

Wenn Krokus & Weiden blühen

Es passiert wie fast immer im März. Endlich steigen die Temperaturen an. Die Sonne steht früher auf. Das Tageslicht wird länger, wie man so schön sagt. Erste Vorboten des Frühlings sind die lieblichen Weidenkätzchen und die farbstrahlenden Krokusse. Am Wegesrand sind sie im hellen Sonnenlicht nicht mehr zu übersehen.

Zart strecken sich die Blüten des Krokus zur Sonne, als wetteiferten sie um den besten Platz.

Die Weidenkätzchen ziehen des Wanderers Blick auf sich und lassen ihn staunen.

Rad geputzt, los geht's

▶ Meine erste Radtour des Jahres geht meist zum südlichen Sachsenwald, Richtung Golfplatz Dassendorf und weiter Richtung Schwarzenbek zum Saupark. Danach: Ausgang offen ... Je nach Stimmung, die natürlich abhängig von der Wetterlage ist, bringen mich meine zwei Reifen bei meist strahlendem Sonnenschein auf dem sehr guten Radweg an der L314 durch Aumühle, vorbei am Holzhof Friedrichsruh zum Wildpark beim Golfplatz.

Eine erste Rast nach gut 6 Kilometern am Hünengrab (besser: Großsteingrab, [> S. 145]). Auch wenn ich die Steine der rund 25 m langen „Langbetten" inzwischen gut kenne, faszinieren mich diese Zeugen der Vorzeit. Schnell denke ich mir die ratternden Autos und klingelnden Handys der Jetztzeit weg und sehe die mit zerschlissenen Fellen bekleideten Steinzeitmenschen, wie sie ihre Toten in diesen Kammern bestattet haben. Wie wurden bloß diese tonnenschweren Teile bewegt? Warum dieser ganz Aufwand? Das wird im Dunkel der Vergangenheit bleiben.

Die Tafel „Archäologisches Denkmal" klärt mich ein wenig auf: Die Grabkammern stammen aus der jüngeren Steinzeit um 2500 vor Christi Geburt. Auf dem großen beschädigten Deckstein sind noch Keilspuren zu sehen. Bei einer Grabung 1888 wurden Tongefäßscherben gefunden. Im gesamten Sachsenwald gibt es an vielen Stellen mehr oder weniger sichtbare „Hünengräber". Ich denke über Jahrtausende haben unsere steinzeitlichen Vorfahren ihre Rituale in dieser Gegend gepflegt.

Keilspuren (wahrscheinlich nachträglich aus jüngerer Zeit) im Stein.

Das Großsteingrab in Dassendorf.

Naheliegend, dass das gegenüberliegende Restaurant am Golfplatz „Jagdhaus am Riesenbett“ benannt wurde. Ein paar Radumdrehungen weiter bremse ich und steige erneut vom Rad. Was ist das? Ein tolles Schnitzwerk. Der Greifvogel passt zum Sachsenwald. Allerlei Arten sehe ich relativ häufig, zum Beispiel den Mäusebussard und den Habicht. Ein Sperber ist mir schon begegnet und auch der Rote Milan ist in dieser Gegend bereits am Himmel majestätisch vorübergezogen.

In der weiteren Umgebung flattern auch Turm- und Baumfalke und ganz nah bei uns erspähte ich auch schon den Waldkauz. Ja, dieser Künstler hat sich einen majestätischen Vertreter des Waldes zum Vorbild genommen. Sehr gelungen, alle Achtung!

Greifvogel aus Holz.

Die Süsterbek am Riesenbett.

Und dann passiere ich einen indirekten Zufluss zur Bille: Die Süsterbek. Sie tritt auf den Feldern südlich von Dassendorf zutage, fließt durch die Anlage des „Golfclub am Sachsenwald“ und verschwindet Richtung Norden im Wald. Auf dem Rückweg wird sie mir wieder begegnen.

Der Sandweg am Golfgelände entlang ist mit dem Rad gut zu befahren. Auf dem Weg vor dem Knick kann man – mit Glück – einen Golfball der Driving-Range finden. Auf der anderen Seite hindert ein starker Zaun die Wildschweine, die hier leben, ihr Revier zu verlassen. An dieser Stelle habe ich, trotz intensiver Ausschau, leider noch nie ein Wildschwein gesehen. Am Ende des langen Weges lädt eine Bank zum Rasten ein.

Ich entscheide mich, jetzt über die befestigten Feldwege nach Osten rüber zum Forsthof und weiter nach Pulverhorn zu fahren.

Die geschnitzten Schilder geben Auskunft über die Namen der Felder oder Wege.

Ich habe die Golfanlage hinter mir gelassen und radele durch die Felder. An einigen Ecken begegnen mir holzgeschnitzte Schilder mit Namen drauf. Da hat sich jemand richtig viel Mühe gegeben und es sieht rustikal urtümlich aus. Das Wort „Kämpen“ bedeutet Feld oder Felder!

Ostwärts muss ich nun auf freier Strecke gegen den Wind anfahren. Das geht im Frühjahr, bei den ersten Touren immer noch etwas in die Beine. Diese Felder zwischen Dassendorf und Brunstorf haben kaum Knicks. Deshalb weht der Wind hier spürbar stärker als auf anderen Wegen. Nördlich von Brunstorf mache ich noch einmal Rast am Weiher.

Holzschnitzkunst am Feldrand.

Hier am „Forsthof-Teich" hole ich meine Stärkung aus dem Proviantbeutel und trinke erstmal einen Schluck Wasser. Die Sonne ist in den ersten Monaten des Jahres unberechenbar. Deshalb setze ich mein Cap auf, um einer bösen Überraschung vorzubeugen. Von hier aus werde ich noch einen kurzen Abstecher zur Schwarzen Au hinter den Bahngleisen machen. Dann werde ich ein Stück zurück fahren, um beim Pulverborn wieder westwärts Richtung Krabbenkamp zu radeln. Gut, beschlossen.

‚Forsthof-Teich'

Vor der Wiedervereinigung, als die Bahnlinie Hamburg-Berlin sehr selten benutzt wurde, gab es einen beschrankten Bahnübergang kurz vor Schwarzenbek am Totenweg bei Radekamp. Der wurde mit der Einrichtung der ICE-Schnellstrecke nach Berlin geschlossen. Heute kommt man am Heinshorst unter einer Brücke (genannt Dreckchaussee?) hindurch. Gleich dahinter ist die Schwarze Au am Knopshörn. Ein großes Gatter verhindert, dass die Wildschweine aus den umliegenden Gehegen durch die Au entkommen können.

Die Schwarze Au am Knopshörn.

Die Schwarze Au kommt aus südöstlicher Richtung von Schwarzenbek durch den Hülshorst hier durch. Der Uferbereich ist morastig, ein klassischer Auenwald eben. Der Waldwirtschaftsweg würde jetzt weiter zur B404 führen. Doch ich kehre um, sause durch die Unterführung der Bahnlinie südwärts zur Kreuzung Pulverborn. Die Königsallee, eine gut befestigte Waldstraße, führt von hier direkt nach Westen. Links wird die Allee von einem hohen Wildzaun begrenzt. Immer wieder spähe ich ins Unterholz, um die Wildschweine zu sehen. Mir fällt ein, dass diese die Dämmerung bevorzugen, um ihren Unterschlupf zu verlassen. Nun, dann passt es vielleicht bei einer anderen Gelegenheit. Hierher, zum Saupark, werde ich bestimmt im nächsten Frühjahr wieder radeln. Einen weiteren Grund dafür gibt es noch etwas nördlich der Königsallee: Dort soll sich das Denkmal „Goldammers Grab“ befinden. Ich bin jetzt schon neugierig.

Unterführung der Fernbahn.

Die Einfahrt zum Saupark ist nicht zu verfehlen. Ein großer Findling, in dessen Antlitz hübsch „Saupark“ eingemeißelt ist, weist den Weg. Was mir nur noch fehlt sind die grunzenden Säue. Aber weiter. Die Reifen rollen geradeaus, vorbei an kleinen Schlaglöchern, hinunter in eine Senke. Unten angekommen erwartet mich wieder die Süsterbek.

In den Findling gemeißelt: Hier geht es zum Saupark.

Zum zweiten Mal treffe ich diesen Zufluss zur Schwarzen Au. Nachdem ich ein paar Fotos gemacht habe wird mir erneut bewusst, dass letztendlich sehr viele „Nebenbäche“ die Bille mit dem lebensnotwendigen Wasser versorgen. Ich schwinge mich aufs Fahrrad und verlasse ein paar hundert Meter weiter den Wald Richtung Krabbenkamp. Der Tacho nähert sich der 20-km-Marke. Es soll genügen, denn zu Hause müssen die frischen Fotos sortiert und archiviert werden. Ich denke, das war ein sehr guter Start. Ich werde jetzt mal abwarten, was der Frühling mir an der Bille noch so alles bietet. ■

Von den feuchten Wiesen bei Dassendorf strömt das Wasser zur Schwarzen Au und damit zur Bille.

Rapszeit an der Bille

Jedes Jahr, im Wonnemonat Mai, erlebe ich das wiederkehrende „gelbe Wunder“. Ringsum, entlang der Bille, erstrecken sich die duftenden Rapsfelder mit den intensiv gelben Blüten, die sich im leichten Frühlingswind den Bienen entgegenwiegen. Ein Freudentanz für die Sinne. Ich kann mich gar nicht satt genug daran sehen. Immer wieder treibt es mich zu Spaziergängen durch die Feldmark, um das schönste Gelb des Jahres ganz nah mitzuerleben.

Hier in der Schönningstedter Gemarkung nahe dem Krabbenkamp blüht auf drei Feldern nebeneinander der Raps.

Der Schlüssel zum Frühling

▶ „Primula veris", die Erste des Frühlings! Wenn in den wärmer werdenden Frühlingstagen, so Anfang April vielleicht, die Hohe Schlüsselblume erblüht, dann hüpft mein Frühlingsherz. Ich kenne einige Stellen an der Bille, wo ich sie in jedem Frühjahr immer wieder finde. In Sachsenwaldau, am Weg zur Brücke hinunter, der in den Sachsenwald führt, dort ist so eine Stelle. Dieses zarte, in die grüne Umgebung gehauchte Gelb der Blüten begeistert mich. Jetzt ist der Frühling richtig angekommen.

Die anderen ersten Boten des Frühlings, wie die bunten Krokusse, die weißen und gelben Buschwindröschen, ja auch die blühenden Weidenkätzchen sind zeitlich schon zurückgefallen. Durch das braune Vorjahreslaub eröffnen das Scharbockskraut und die Keimlinge der Buchen den Reigen der diesjährigen Vegetationsperiode.

Meist geht es danach mit Riesenschritten voran. Lange kalte Winterwochen hatten bis dahin die Natur im Griff. Ende März, wenn die Uhren auf Sommerzeit vorgestellt worden sind, gibt es kein Halten mehr. Die Übergangskleidung wird aus dem Winterschlaf geholt, das Rad geputzt und raus geht es in die umliegende Natur. Wohin so eine Frühjahrstour führen kann, beschreibe ich auf den folgenden Seiten [plus auch > S. 168]. Hier ist meiner Unternehmungslust keine Grenze gesetzt. ■

Kurz vor der Bille-Brücke in Sachsenwaldau begrüßt die Hohe Schlüsselblume den Frühling inmitten von Buschwindröschen.

Mit Weiß und Gelb an den Start

▶ Sehnsüchtig wird die Rapsblüte herbeigesehnt. Kaum haben die Buschwindröschen mit ihrem weißen Blütenteppich den Startschuss für den Frühling gegeben, folgen die vierblättrigen Blüten des Rapses. Was mich visuell erfreut, ist letztendlich knallharte Landwirtschaft. Die Nutzpflanze muss Erträge bringen. Deshalb erhöht sich der Anteil der Anbauflächen kontinuierlich. Heute großenteils für den Biokraftstoff.

Dennoch erfreuen wir uns an diesen gelben Feldern. Sie signalisieren Frühling, Neuanfang für ein sommerwarmes Jahr. Und da bleibt es nicht aus, dass ich jede sich bietende Gelegenheit nutze, um entspannt durch die Felder entlang der Bille zu wandern.

Da die Felder nur alle 3 bis 4 Jahre erneut wieder mit Raps bewirtschaftet werden, kann es auch sein, dass sich in der direkten Nachbarschaft im nächsten Jahr nur Getreidefelder befinden. Aber die Bille ist lang und ich brauche nicht allzuweit radeln oder gehen, um den schönen Raps in voller Blüte bewundern zu können. Unser Schleswig-Holstein hat reichlich davon in seinen südöstlichen Landesteilen. ■

Das weiße (oben) und gelbe Buschwindröschen (direkt am Ufer).

Die sattgelbe Blüte des Raps (Brassica napus) – davor als farblicher Kontrast das Einjährige Silberblatt (Lunaria annua).

Mein Blick geht hinüber zum Hammelsberg, der oftmals weiträumig von blühenden Rapsfeldern umrahmt ist.

Mein Nachbar und der Raufußkauz

▶ Mein Nachbar von gegenüber läuft auf der anderen Straßenseite in seiner praktischen Waldkleidung. „Guten Morgen, Herr Fleischer, wie geht's den Eulen an der Bille?" Er grüßt zurück und schildert in angenehmem Berliner Dialekt: „Es könnte allgemein besser sein, aber der Uhu ist in diesem Jahr wenigstens gut drauf." Manfred Fleischer wohnt wie ich seit weit mehr als 30 Jahren am Krabbenkamp. Beruflich hatte es den Diplom-Ingenieur mit seiner Frau hierher verschlagen. Am Sachsenwald verstärkte sich sein Interesse an der Natur und besonders an der Vogelwelt. Das ließ ihn dann nicht mehr los. Die Beobachtung der Vögel steht für den Hobby-Ornithologen immer an erster Stelle. Bei seinen vielen Reisen in die entlegendsten Ecken der Welt beobachtet er begeistert die exotischsten Vögel. „In diesem Jahr geht es wieder nach Kenia. Auf diversen Safaris werde ich dort heimische Tiere und Vögel aus nächster Nähe sehen."

Zurück zum Sachsenwald. Unweit der Bille brütet von April bis Juni der Raufußkauz*. In dem Zeitraum versucht Manfred Fleischer immer daheim zu bleiben. Das will er sich nicht entgehen lassen. Der Raufußkauz gehört zu den bedrohten Tierarten in Schleswig-Holstein. Der Eulenschutz liegt Manfred Fleischer so sehr am Herzen, dass er sich für den Landesverband Eulenschutz um die Eulen des Sachsenwaldes kümmert. Er hilft den Beringern, Fotografen und Kletterern. Ihnen allen ist das Wohl der Eulen sehr wichtig. ■

Neugierig guckt der Raufußkauz-,Nestling' aus seinem Nistkasten im Sachsenwald.

Foto: A. & M. FLEISCHER

* Bericht von Manfred Fleischer in der Broschüre ‚Eulen Welt' 2015 des Landesverbandes Eulen-Schutz in Schleswig-Holstein e.V.

Typisch Auwald

Gerade das Naturschutzgebiet an der Bille weist alle Merkmale eines Auwaldes auf. Wie erkenne ich das? Vorherrschender Baum in den feuchten Uferregionen, die oftmals im Jahr vom Wasser überspült werden, ist die Schwarzerle. Auch die übrige Flora liebt feuchte Phasen, um sich sprießend zu entwickeln. Die Vielfalt ist wegen der Unberührtheit immens.

Bille-Auwald: Schwarzerlen und Buschwindröschen im Frühjahr.

Unter den Ersten im Auwald: das Scharbockskraut.

Streng geschützte Natur

▶ Ich liebe es, auf morastigen Wegen in respektvollem Abstand von unberührter Natur entlang zu wandern. Welch ein Reichtum an der Bille. Das ausgewiesene Naturschutzgebiet, bis ganz nah an die Wohnbesiedlung heran, ist deshalb so reizvoll, weil es fast täglich Neues zu entdecken gibt. Interessant wie aus diesem feuchten, moorigen Boden zum Beispiel die Schwarzerle emporwächst, irgendwann wieder umfällt und der Kreislauf von Neuem beginnt.

Besonders auffällig ist diese Landschaftsform von Kuddewörde an flußabwärts. Am nordwestlichen Rand des Sachsenwaldes bis hinunter nach Bergedorf sind mehr oder weniger breite Uferstreifen als Auwald zu bezeichnen. Mit Beginn der Vegetationsperiode im Frühjahr kommen die grünen Triebe aus dem feuchten Untergrund. Während meiner Spaziergänge in den März-/Apriltagen entdecke ich die spitzen Blätter der Wasserlilien, die lang und länger austreiben. Kurz darauf wird's gelb. Die Sumpfdotterblumen bilden markante Tupfer im frischen Grün. Die hellgelben Blüten der Schlüsselblumen wiegen sich im Wind. Das Scharbockskraut dominiert den Saum meiner Wege und gleichzeitig entsteht ein weißer Teppich aus Buschwindröschen, die sich am Sonnenstrahl laben.

Auwaldvegetation bis nahe ans Wohngebiet am Billenkamp in Aumühle.

Hier darf sich absolut nichts verändern. Der Mensch hat beschlossen, diese freie Natur so zu belassen wie sie ist. Der modernde Ast oder Baumstamm – das sogenannte Totholz – muss an dem Ort bleiben, an dem es liegt. Alles hat seinen Platz. Keine Pflanze, kein Tier darf hier gestört werden. Voller Demut erleben meine Augen diese Szenerie. Ich kann mich daran nicht genug sattsehen. Naturschätze ganz in unserer Nähe, direkt vor unserer Haustür.

Auf der folgenden Seite stelle ich drei blühende Vertreter der Pflanzenvielfalt der Auwald-Niederung vor. Darüber hinaus blüht es unablässig in dem wässrigen, sumpfigen Gelände. Allein das ist für jemand, der die florale Vielfalt in unserem Naturschutzgebiet erleben will, höchstinteressant. Ich empfehle mit entschleunigten Schritten auf Entdeckungstour zu gehen. ■

Auwald-Idylle im Billetal unterhalb der Wohltorfer Kirche.

Hohe Schlüsselblume

Milzkraut

Was mir im Auwald blüht

▶ Typische Auwald-Blüher sind entlang der Bille allgegenwärtig. Ich muss allerdings genau hinsehen, wenn ich das Milzkraut mit seinen kleinen gelben Blüten entdecken will. Etwas unscheinbar wächst es flach am Boden. Die Hohe Schlüsselblume dagegen strahlt mit ihren hellgelben Kelchen zu mir herüber. Sie gehört zu den Fühjahrsblühern. Mit der Bezeichnung Wasserschwertlilie ist die Wasseriris oder Sumpfiris gemeint. Sie blüht relativ kurz in den Auenbereichen und ich finde sie eher büschelweise mal hier und mal dort. ■

Wasseriris oder Sumpfiris

Der Eisvogel ist der ‚Star' im Billetal

▶ Für uns Waldspaziergänger ist es ein besonderes Erlebnis den Eisvogel zu sehen. Auf den Infotafeln im Naturschutzgebiet Billetal wird er plakativ stellvertretend für viele andere Vogelarten abgebildet. Ich habe diesen flinken bunt schillernden „fliegenden Edelstein“ schon häufig zu Gesicht bekommen. Aber meist nur für einen winzigen Moment, wenn er pfeilschnell mit seinen kurzen Flügeln knapp über der Wasseroberfläche der Bille dahinsaust.

Ja, es gibt ihn an der Bille! Der Eisvogel findet hier Bedingungen vor, die ihn im Frühjahr gerne hierher einfliegen lassen, um den Sommer am Sachsenwald zu verbringen. Wie viele Paare sich hier temporär oder sogar ganzjährig ansiedeln und brüten ist schwer zu sagen. Gute Möglichkeiten bieten die kleinen Steilhänge oder Abbruchkanten an etlichen Billebiegungen allemal. Vor Jahren hatte ich das erste Exemplar an den Fischteichen am Gut Silk in Reinbek entdeckt. Von da an war ich jedes Mal wie elektrisiert, wenn der Fisch- und Insektenjäger irgendwo an der Bille auftauchte. Ich habe den Eisvogel auch einige Male in Höhe des Augustinums bei Aumühle gesehen, wo er sogar unter der Eisenbahnbrücke hindurchschoss. Weiter oben, in der Gegend um die Fürstenbrücke, saß er auf einem Zweig im Wasser und lauerte auf Beute. Ehe ich dann meine Kamera in Stellung bringen konnte, hatte der Eisvogel seinen Fisch gepackt und schnell das Weite gesucht. Er ist scheu und eigentlich schwer auszumachen. Von den Wegen direkt am Ufer suchen meine Augen ständig intensiv nach dem Eisvogel, der allerdings eher als Überraschungsgast urplötzlich um irgendeine Billekurve heranschwirrt. Ich müsste mir ein stärkeres Zoom-Objektiv zulegen, wenn ich überhaupt einen Fotoerfolg haben will. So ein professionelles Objektiv besitzt der österreichische Naturfotograf Franz Wierer, in dessen Internet-Präsenz (www.wierer.at) ich dieses schöne Foto des Eisvogels fand und verwenden darf. ■

Dauergast an der Bille: der Eisvogel.

Foto: FRANZ WIERER

An der Au

Passt auf, Kinder – fallt nicht ins Wasser! Nach ihrem langen Weg quer durch den Sachsenwald erreicht die Schwarze Au den Mühlenteich in Aumühle. Und hinter dem Wehr bleiben ihr noch rund 250 Meter, um sich mit der Bille zu vereinigen. Übrigens, unsere schöne Region am Sachsenwald ist zum ‚Ausfliegen' sehr beliebt. Wie man sieht, besonders auch bei Kindern.

Das große Bild von 2002 entstand an der Au. Das kleine Bild von 2001 zeigt spielende Kinder an der Bille in Wohltorf.

Von Schwarzenbek bis zur Bille

▶ Die ‚Schwarze Au' als einer der größeren Zuflüsse zur Bille quillt aus einer Wiese bei Grove nördlich von Schwarzenbek. Von dort bis zur Bille wird sie eine Strecke von rund 15 Kilometern quer durch den Sachsenwald zurücklegen. Unterwegs ergänzen einige Zuflüsse die Schwarze Au. So kommt aus dem Schwarzenbeker Industriegebiet die Schwarze Bek hinzu und später aus dem Rülauer Forst die Bölkau. Die Schwarze Au schlängelt sich parallel zur Fernbahnstrecke Berlin–Hamburg nach Westen.

Von den Golfplätzen in Brunstorf (Siekgraben) und Dassendorf (Süsterbek) läuft das Oberflächenwasser ins Tal der Schwarzen Au. Die später erwähnte Kammerbek [> S. 191] fließt aus der Nähe der Ortschaft Möhnsen östlich des Sachsenwaldes zur Schwarzen Au beim Stangenteich. Die hier befindliche Försterei ist eine von vier im Sachsenwald. Deren Förster sind Angestellte der Fürstlich von Bismarck'schen Forstverwaltung. Wie ich weiß, ist die hiesige Forstwirtschaft ein wesentlicher Geschäftszweig der Familie von Bismarck.

Starke Brücken für Waldwirtschaftswege queren die Schwarze Au.

Ich folge dem Wasser und Flusslauf der Schwarzen Au weiter. Dabei passiere ich den langgestreckten Teich, der für die ehemalige Kupfermühle (1620) aufgestaut worden war. Die Schwarze Au wurde in zurückliegenden Jahrhunderten gewissermaßen ein ‚Industriegebiet'. An den bis zur Bille aufgestauten Teichen entstanden eine Papiermühle, eine Sägemühle, ein Eisenhammer, eine Schleifmühle und schließlich bei Aumühle eine Kornmühle. Die Sägemühle war bis 1959 in Betrieb. Von all dem ist wenig bis nichts mehr zu sehen. Lediglich die Namen erinnern an die alten Gewerbebetriebe. ■

Aus dem Moor zur Schwarzen Au

▶ Bezeichnender Weise aus dem ‚Moorigen Ort' östlich der B404 kommt von Havekost her ein Bächlein, die Kammerbek. Hier ist das Gelände wirklich nass, tief und moorig. Die Kammerbek beeilt sich im Sachsenwald mit der Schwarzen Au zusammenzufließen. Nach wenigen Kilometern finden sich die beiden beim Stangenteich. Dort wo sich die Kammerbek auf den Weg begibt, sind es nicht einmal 600 Meter bis zur Steinau, die ihrerseits zum östlichen Delvenau-Stecknitzgebiet führt. ■

Gesäumt von Schwarzerlen (Bild oben) gelangt die Kammerbek unter der B404 hindurch in den Sachsenwald.

Meine Freundin, die Schwarzerle

▶ Auf die ‚alnus glutinosa', auch ‚Eller' oder ‚Else' genannt ist Verlass. Wie oft stand ich an Straßen oder Wegen und suchte nach den Nebenbächen der Bille. Untrügliches Zeichen für einen größeren Graben oder Bach ist die Schwarzerle, die sich gern an ihren feuchten Ufern ansiedelt und dort beachtlich wächst. Bald war mein Auge darauf trainiert, die Wasser führenden Gräben zu entdecken. Meist wie an einer Perlenkette aufgereiht stehen sie weithin sichtbar zwischen Feldern und Wiesen.

Typisch ist auch, dass häufig mehrere Stämme durch ‚Stockausschlag' an einer Stelle wachsen. Besonders im Bille-Auenwald ist die Schwarzerle überall anzutreffen. Die Blätter sehen durch eine kleine Einkerbung (unten links) fast herzförmig aus. Wird das Holz durchschnitten (unten rechts) bildet sich eine orange-rote Schnittfläche, daher nennt man sie hier und da auch ‚Rot-Erle'*. ■

Ein Prachtexemplar der Schwarzerle, hier an der Au bei der „Fürst-Bismarckmühle".

* So wird laut www.wikipedia.org die vorwiegend in Nordamerika beheimatete Rot-Erle (alnus rubra) genannt.

Fichte, Buche, Eiche

▶ In dieser Reihenfolge ist die Häufigkeit der Bäume im Sachsenwald verteilt. Mehr als 30 % sind Fichten, rund 30 % Buchen. Dann folgen vorwiegend Eichen, Lärchen und Douglasien. Meine zuvor gefühlte Einschätzung wurde durch einen Artikel, den ich in der ‚Welt' aus dem Oktober 2010 fand, bestätigt. Darin erfuhr ich auch, dass jährlich rund 20.000 Festmeter Holz, meist Fichten, Kiefern, Lärchen für den Holzverkauf geschlagen werden. Interessant: Ein Meter Stammdurchmesser bei Buchen und Eichen soll einem Alter von 150–200 Jahren entsprechen. ■

Otto-von-Bismarck-Stiftung

▶ Ein Ausflug nach Friedrichsruh, der sich lohnt. Gut zu erreichen mit Auto, Motorrad, Fahrrad, per Bahn oder zu Fuß. Die Regionalbahnstation Friedrichsruh grenzt direkt ans Gebäude. Für geschichtsbewusste Billefreunde dürften die historischen Forschungsarbeiten der Stiftung von Interesse sein. Sie befassen sich vorwiegend mit dem politischen und öffentlichen Leben Otto von Bismarcks. Hier, vor Ort, ist es möglich einen Einblick in die Ergebnisse der umfangreichen Forschung zu erhalten.

In den Räumlichkeiten ist das politische Wirken Bismarcks dargestellt. Ebenso die Auswirkungen seiner Politik auf das Deutsche Reich und das damalige Europa. Gut verständlich aufbereitet für den spontanen Besucher, aber auch für Schülergruppen, die im Rahmen des Geschichtsunterrichts Erkenntnisse aus Bismarcks Zeit sammeln wollen. Übrigens, am 1. April 2015 wurde der 200. Geburtstag* (geboren 1815 in Schönhausen/Brandenburg) des Gründers des Deutschen Reichs (18. Januar 1871) gefeiert.

Als ergänzende Empfehlung kann zum Besuch des Bismarck-Museums gleich um die Ecke [> S. 195] geraten werden. ■

Ehemaliges Bahnhofsgebäude Friedrichsruh.

* Briefmarke der Deutschen Post vom 2. April 2015

Bismarck-Museum Friedrichsruh.

Blick auf den Schreibtisch des legendären Reichskanzlers

▶ Er steht in einem historisch getreu nachempfundenen Arbeitszimmer, das nach Ende des 2. Weltkriegs aus dem zerbombten Schloss gerettet wurde. Fürst Otto von Bismarck, der ‚Architekt' und 1. Reichskanzler des 2. Deutschen Reiches, wollte selber eigentlich nicht, dass ihm ein Museum errichtet wird. Kurz nach seiner Entlassung aus dem Amt des Reichskanzlers und Ministers des Auswärtigen (1890), wurde in seinem Geburtsort Schönhausen an der Elbe 1891 ein erstes Museum eröffnet. Auch in seinem letzten Wohnort, in Friedrichsruh und in Aumühle, gab es starke Bemühungen der Bürger, ihm zum Andenken ein Museum zu eröffnen.

Mit wenig Erfolg gelang es zunächst, das Museum erst im Bismarck-Turm Aumühle [> S. 218], dann in der Villa ‚Alter Forsthof' unterzubringen. Seinen heute noch gültigen Platz fand das Museum schließlich im „Landhaus Friedrichsruh", einem ehemaligen Gasthaus gegenüber dem Bahnhofsgebäude, in dem sich heute die Otto-von-Bismarck-Stiftung befindet.

Die zu besichtigenden rund 350 Original-Exponate umfassen viele kleine Stücke, wie Kleidungsstücke, Tabakdosen, Geschirr, Ehrenbürgerbriefe und das Originalgemälde der „Kaiserproklamation von Versailles 1871" von Anton von Werner sowie Geschenke aus aller Welt. Bilder des Malers Franz von Lenbach, der mit Bismarck befreundet war, hängen ebenfalls in den insgesamt 10 Räumen des Museums. Ich kann nur sagen: Nichts wie hin. ■

Quellen: www.bismarck-stiftung.de/... /bismarckmuseum
www.sachsenwald.de/bismarck-museum.html, www.wikipedia.org

Hirsch-Skulptur & Bismarck-Mausoleum

Hirsch mit Hunden. Ein Geschenk des Landes Sachsen-Anhalt für Fürst Otto von Bismarck zum 80. Geburtstag.

▶ Das Dritte im Bunde des Ensembles in Friedrichsruh ist das Mausoleum der Fürsten-Familie von Bismarck. Zuvor werfe ich noch einen Blick auf die große Hirsch-Skulptur mit Jagdhunden vor dem Hügel unter dem sich wahrscheinlich ein steinzeitliches Grab befindet. Im Mausoleum ist öffentlich – gegen Eintritt zugänglich – die Grablege von Fürst Otto von Bismarck und seiner Frau Johanna von Puttkamer in reich verzierten Sarkophagen aus Untersberger Marmor zu sehen. Das achteckige Mausoleum, im neoromanischen Stil, ist dem Mausoleum Theoderichs in Ravenna nachempfunden worden. Im Untergeschoss, das nicht öffentlich ist, befindet sich die Grablege der Familie, so auch der Söhne Bismarcks, Herbert und Otto nebst Gemahlinnen. Das Gelände ist auch heute noch im Besitz der Familie. ■

Auf einer Anhöhe gegenüber dem fürstlichen Anwesen steht das Bismarck-Mausoleum.

Quellen: www.wikipedia.org, www.ndr.de/ratgeber/reise/herzogtum_lauenburg/Auf-den-Spuren-Bismarcks-im-Sachsenwald

Der Koi zieht gemächlich seine Bahnen im ‚Singenden Wassergarten'.

Schmetterling trifft Koi

Mehr als 30 Jahre wohne ich nun in spazier-erreichbarer Nähe zum ‚Garten der Schmetterlinge'. Ebenso lange existiert dieser von Fürstin Elisabeth von Bismarck eingerichtete Besuchermagnet. Geöffnet von Ende März bis Ende Oktober. Das Refugium am Schlossteich lädt Besucher aller Altersklassen ins ‚Haus für tropische Schmetterlinge' aber auch in den ‚Singenden Wassergarten' mit dem dicken Koi ein. Vielfältig ist das weitere Angebot. Ein kleiner Gang durch den Rosen- und Azaleengarten über die Grauganswiese zu den Kaninchen und auf die Insel der Besinnung. Nachdem ich dort der Bismarck-Büste tief in die Augen geschaut habe, schlendere ich noch zum Bambushaus. Im ‚Café Vanessa' genehmige ich mir einen guten Kaffee und ein Stück Kuchen. Es gibt so viel Interessantes zu entdecken. Und lehrreich ist es zudem. Den Kindern gefällt eine Unterbrechung auf dem Kinderspielplatz, dazu schwirren die Libellen über den Teich. Für diesen Familien-Ausflug kann man sich gern einen schönen Sonntagnachmittag Zeit nehmen. Für das Eintrittsgeld wird ein akzeptabler Gegenwert geboten. Wer ein hübsches Souvenir mitnehmen möchte, findet im Shop am Eingang eine umfangreiche Auswahl. Übrigens, der Schlossteich wird von der Schwarzen Au bewässert, deren Wasser weiter nach Aumühle und zur Bille fließt.

www.garten-der-schmetterlinge.de

Einen Steinwurf entfernt von der Bille: Turmhaus-Villa in Aumühle-Hofriede

Villa an der Bille

▶ Aumühle ist der Ort bei der Mühle an der Au. Simpel gesprochen. Nach der Lektüre des herrlichen Heimatbuches „Aumühle im Sachsenwald“ aus dem Viebranz-Verlag bin ich bestens aufgeklärt über die Entstehung unserer Nachbargemeinde direkt auf der anderen Seite der Bille. Wir Anwohner des Krabbenkamp gehen gern hinüber zum Einkaufen in die Große Straße, zum Bäcker und zum Schlachter.

Selbständige kleine Siedlungsbereiche sind demnach irgendwann zusammengewachsen. Hier am Billebogen, wo von Osten her die Au in die Bille einmündet, gibt es Namen wie Billenkamp, Hofriede, Friedrichsruh, Wohltorf, Stangenteich, Kupfermühle, Witzhaver Viert und weitere viele Flecken im Sachsenwald. Heute finden wir im ausgedehnten Gebiet der Gemeinden Aumühle und Wohltorf gepflegte Villen- und Einzelhausbebauung. Westlich davon schlängelt sich die Bille durchs Naturschutz-Tal. Die namengebende Mühle am Mühlenteich war vor langer Zeit eine ‚Zwangsmühle‘. Die Lauenburger Herzöge als Grundbesitzer verpflichteten die Untertanen aus der gesamten Umgegend, z. B. Dassendorf, Hohenhorn, Börnsen u.a., nur hier ihr Korn zu Mehl mahlen zu lassen. Die Pächter der Mühle wechselten häufig. 1871 kommt sie in Bismarcks Besitz.

Wo wir heute die Seniorenresidenz ‚Augustinum' sehen, befand sich bis zur Mitte des 18. Jahrhunderts das Vorwerk Aumühle, gewissermaßen die Keimzelle des heutigen Aumühle. Nach dem Bau der Bahnstrecke Hamburg–Berlin entstand nördlich davon der Ortsteil Hofriede wo sich die Hamburger Familie Specht niederließ. Der Sohn Emil wurde zum Begründer der ‚Villenkolonie' Sachsenwald-Hofriede. Noch heute sind aus der ‚Gründerzeit' eine Vielzahl schönster alter Villen vorhanden. Beim Spaziergang durch Aumühle kann der Betrachter regelrecht ‚Baustilkunde' betreiben.

Weitere interessante Gebäude prägen das Bild Aumühles. Dazu möchte ich den Bismarckturm [> S. 218] zählen, aber auch das Bahnhofsgebäude von Aumühle und Friedrichsruh [> S. 194], in seiner jetzigen Bestimmung für die Bismarck-Stiftung.

Wenn die Hamburger Wochenendausflügler von Aumühle sprechen, meinen sie natürlich den schönen Sachsenwald mit seinen Wanderwegen und die Restaurants am Mühlenteich. Etliche Autoren haben Aumühles Geschichte* zu Papier gebracht, darunter Emil Duborg, Herbert Schering und Alfred Schlak.

Dieses Strohdachhaus in der Großen Straße 12 gehörte 1786 dem Anbauern Jürgen Hackmack. Heute gepflegt saniert in Privatbesitz.

* Aumühle im Sachsenwald, 1976, Kurt-Viebranz-Verlag, Schwarzenbek

Was da auf der Bille schwimmt

Ich meine, es sind diese gefiederten Bille-Anwohner, die wir beim Spaziergang vom Ufer aus häufiger sehen. Die Stockente ist sozusagen standard-einheimisch und kann rund ums Jahr überall anwesend sein. Das Blässhuhn ist auf unseren Teichen entlang der Bille und Auen ebenfalls präsent. Der nickende, schwarze Kopf wird geschmückt von einer auffälligen weißen Stirnplatte. Dagegen ist die Reiherente eher vereinzelt zu beobachten. Sie taucht besonders gut. Ihre Nahrung besteht überwiegend aus Schnecken und Muscheln.

Stockente

Reiherente

Blässhuhn

„Opa, ich will zum Lokschuppen!"

▶ Diesen Wunsch unserer Kiddies können wir nie abschlagen. Ist es doch für Opa selbst immer wieder ein Erlebnis. Das Eisenbahnmuseum „Lokschuppen Aumühle" wird vom Verein Verkehrsamateure und Museumsbahn e.V. betrieben. Eine große Zahl ehrenamtlicher Mitarbeiter ist seit 1971 in Aumühle angetreten, um alte und historische Fahrzeuge aufzufrischen, ständig zu betreuen und den Besuchern zu präsentieren. Ergänzt wird der Fuhrpark durch ständige Ausstellungen zur Straßenbahn- und Eisenbahngeschichte.

Geöffnet ist jeden Sonntag von 11 bis 17 Uhr – eine kleine Spende ist obligatorisch für den Verein. Spaß für Besucher bieten Fahrten mit der Handhebeldraisine oder der Kleinspur-Feldbahn. Mehrmals im Jahr finden interessante Veranstaltungen und Ausstellungen statt, Motto: Alles rund um die Eisenbahngeschichte. Im praktischen ‚Blaumann' gekleidete Ehrenamtler beantworten die Fragen der Besucher und freuen sich, wenn ihre Arbeit Beachtung findet. Unten am Hang fließt die Au zur Bille. ■

Beim ersten Besuch: Enkel Frederik ist begeistert von den vielen Hebeln in der alten Lok. „Opa, gehen wir noch einmal zum Lokschuppen?"

Jeremy und Anjulie waren schon vor ihrem Cousin Frederik mehrmals im Lokschuppen.

www.vvm-museumsbahn.de

Für die beiden Damen gilt: Durch die Feldmark führt der Weg zu den Billeauen.

Frostklarer Spaziergang

Klare, kalte Luft, strahlender Sonnenschein. Da gibt es kein Zögern – raus an die Bille und in die Feldmark, in den Sachsenwald! Warm angekleidet genieße ich jeden Schritt, mein Atem dampft hauchzart im Gegenlicht, Vögel jumpen von Ast zu Ast. Das nahe Wasser schwappt durch glitzernde Eisblumen.

Eisige Momente an der Bille

▶ In Zeiten des Klimawandels werden die ehemals ‚richtigen' Wintertage immer seltener. Wann hatten wir das letzte Mal schönen, dicken Schnee im Garten, auf den Wegen, im Feld? In meinem Foto-Archiv finde ich tatsächlich einige. Und sie erinnern mich an klirrende Kälte, knirschenden, pappigen Schnee. Nicht nur auf den Wegen. Das Winterparadies vom Krabbenkamp.

An den Ufern der Bille entstehen Eisgebilde, Flügeln gleich, Blätter aus Eis, die immer mehr anwachsen durch die ständige Umspülung des wenige Grad kalten Wassers. Das muss man sich ansehen. Diese Momente beruhigen die Sinne. Darum verweile ich, blinzele in die tiefstehende Sonne, höre das leise Plätschern des Wassers entlang der Eiskante.

Alles ist so friedlich. Eine Meise zwitschert frech vom Zweig herüber, als wolle sie mich ermuntern, einfach mitzusingen. Ich gehe vorsichtig über vereiste Wurzelwege weiter am Billeufer entlang. Bleibe wiederum ein ums andere Mal stehen, um aufs Neue immer wieder das schöne, eisige Bild des Winters an meinem Fluss zu genießen. ■

Zugefrorene Bille-Uferbereiche.

Eisblätter haben sich an
den Ästen über dem strömenden,
glasklaren Billewasser gebildet.
Winter von seiner schönsten Seite.

Lebensraum Bille

▶ Das ist es, was mich am meisten begeistert. Die ‚Obere‘ und ‚Mittlere Bille‘ werden mir und den Spaziergängern, Wanderern, Radlern richtig gut erklärt. Auf vielen Infotafeln wird mit Texten und Bildern der Lebensraum der Bille dargestellt. Und das in einer Weise, die verständlich und anschaulich gestaltet ist. Stellvertretend für die Beschreibungen auf anderen Tafeln möchte ich hier den Text einer Infotafel aus dem Reinbeker Vorwerksbusch wiedergeben, der mir sehr gut gefällt und das Naturschutzgebiet treffend beschreibt*:

„Seit 1987 steht das Billetal zwischen Reinbek und Grande unter Naturschutz, nicht zuletzt durch die Bemühungen von Naturschützern und Anglern seit 1953. Einen großen Teil des Verlaufes nimmt die Bille am Rande des Sachsenwaldes und hat daher nicht so sehr unter der Nutzungsintensivierung der Landschaft der letzten Jahrzehnte gelitten. Sie stellt somit eines der letzten noch nicht ausgebauten Fließgewässer hierzulande dar.

Hier lässt sich noch die natürliche Dynamik studieren mit Mäandern, Prall- und Gleithängen, Uferabbrüchen, Sandbänken, unterschiedlichen Bachsubstraten, Beschattung durch Gehölze – zumeist Schwarzerlen, welche die Ufer weitgehend auf natürliche Weise befestigen sowie einer Verkrautung und zu starken Erwärmung des Wassers entgegenwirken.

Die Infotafeln stehen abschnittsweise an markanten Stellen entlang dem gesamten NSG ‚Billetal‘.

*Arbeitsgemeinschaft Naturschutzgebiet Billetal

Die Auenbereiche werden bei Hochwasser noch regelmäßig überflutet und beherbergen etliche bei uns schon selten gewordene Pflanzenformationen wie Bruch- und Auwälder, Erlen-Quellwälder, Seggenrieder, Hochstaudengesellschaften, Flussröhrichte und andere.

Aufgrund des hohen Tot- und Altholzanteils finden sich hier noch zahlreiche Holzpilzarten und Höhlenbrüter (Spechte). Dem stillen, aufmerksamen Wanderer können am Ufer neben Eisvogel und Gebirgsstelze auch die hier überwinternde Wasseramsel begegnen. Die Bille beherbergt noch etliche seltene Vertreter aus der Fisch- und Kleintier-Fauna. Dazu zählen neben Elritze, Bitterling und Flussneunauge auch die bachtypischen Insektengruppen der Eintags-, Stein- und Köcherfliegen.

Die Betreuung des Naturschutzgebietes teilen sich vier Vereine mit jeweils speziellen Aufgaben. Diese bilden gemeinsam die ‚Arbeitsgemeinschaft Naturschutzgebiet Billetal'. Die Aufgaben einer Geschäftsstelle hat dankenswerter Weise das Amt für Umweltschutz und Stadtentwicklung der Stadt Reinbek übernommen.

Bitte helfen Sie uns, diese ‚Lebensader' unserer Landschaft zu erhalten, indem Sie den gekennzeichneten Wanderweg nicht verlassen und jegliche Störung der Tier- und Pflanzenwelt vermeiden."

An vielen Wegen sind Hinweistafeln zu finden: Unsere Bille ist ein einmaliges Naturgebiet.

Wo schwimmt der dickste Bille-Fisch?

An dieser Frage haben sich viele Experten schon die Zähne ausgebissen. Als einfacher Naturliebhaber will ich nur herausfinden, wo ich gelegentlich einen Fisch in der Bille sehen kann. Nun, das ist schwierig. Den Eisvogel interessiert es nicht, der Angler weiß es, der Gewässerforscher weiß es sicher auch. Meine fotografische Ausbeute ist dermaßen gering, dass ich lediglich mit einem Amateurfoto dienen kann. Glücklicherweise hatte ich gerade mein Smartphone dabei als sich der Forellen-Schwarm unter der Billestraßenbrücke bei der Bismarck-Quelle tummelte.

Hier, am Zusammenfluss von Bille und Schwarzer Au lockte das Wassergemisch die Jung-Forellen-Gruppe im sonnendurchfluteten flachen Wasser zum Fliegen-Schnappen. In den vergangenen Jahren konnte ich beobachten, wie Fischerei-Freunde manchmal im Frühjahr junge Bachforellen in die Bille setzten. Später habe ich Exemplare von 25–30 Zentimeter Länge sehen können.

Superinteressant und aufschlussreich sind die Beschreibungen auf den vielen Infotafeln im Bille-Naturschutzgebiet. Da relativiert sich die Frage nach dem dicksten Billefisch schnell. Also, ich denke, in den Flussbereichen beschränkt es sich auf die kleineren Artgenossen. Die dicken Fische sind demzufolge wohl eher in den größeren Teichen (sogar Hechte!) oder in der unteren Bille zu finden und zu fischen.

Das darf auch nicht jeder. Das Fischen ist nur den Mitgliedern der Fischereivereine vorbehalten. Mein vorrangiges Interesse gilt den Vorkommen in den flachen Flussbereichen. Vorsichtig kann ich an sehr wenigen Stellen direkt an den Ufersaum treten. Mit viel Geduld und einem scharfen Blick entdecke ich einen Stichling oder eine Elritze im Kiesgrund.

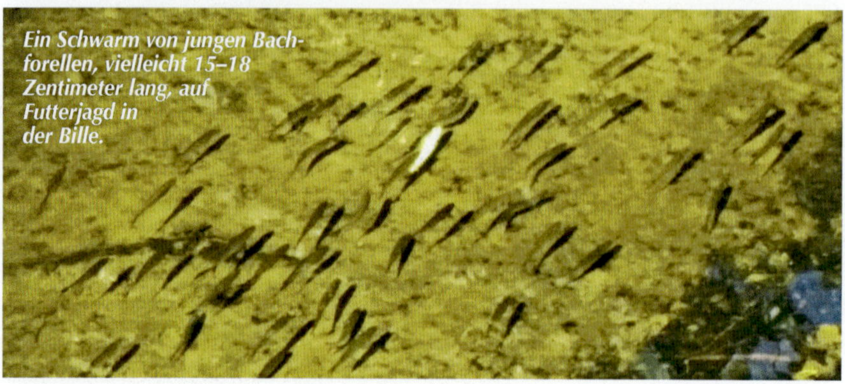
Ein Schwarm von jungen Bachforellen, vielleicht 15–18 Zentimeter lang, auf Futterjagd in der Bille.

An anderer Stelle bin ich bereits auf die Fische in der Bille eingegangen. Das Billeland ist angereichert mit vielen Fischteichen [> S. 77]. Hier sind die Sportfischer zuhause. Da es äußerst kompliziert ist, Fotos von schwimmenden Fischen im Wasser zu schießen, habe ich mich mit meiner bescheidenen Möglichkeit eines Aquarells versucht.

Inspiriert durch die Darstellungen auf den Informationstafeln zeige ich hier einen kleinen Ausschnitt der in der Bille vorkommenden Fische. Nun wird der geneigte Naturliebhaber diese und weitere Fische nur schwerlich entdecken. Das tut der Sache keinen Abbruch. Allein zu wissen, dass die Bille im oberen Lauf noch so sauber ist und diesen Reichtum aufweist, ist wunderbar.

Aber wo schwimmt der dickste Fisch? Diese Frage muss ich noch einmal aufgreifen. Dazu versuche ich das ‚Anglerlatein' auf den einschlägigen Sportfischerei-Internetseiten zu analysieren. Und siehe da, es tut sich etwas. Auf der Seite der Hamburger Angler Community* lese ich, dass in der unteren Bille im Bereich Billbrook in den letzten Jahren stattliche Exemplare gefangen wurden. Der ‚dicke' Wels unterscheidet sich von meinen vorgenannten Fischen dadurch, dass er das Wasser mit ‚unreinem Untergrund' und Unterschlupfmöglichkeiten liebt. Er kann bis zu 70 Zentimeter lang werden. ■

Bachneunauge

Äsche

Stichling

Bachschmerle

Elritze

* www.hamburger-angler-community.de
Aquarellbilder: B. Fischbeck

Gut gesichert auf wackeligen Seilen für den kleinen Adrenalinkick und Spaß pur.

Erlebnis in luftiger Höhe

▶ Das kann ein ganz spannender Ausflug werden! Im Sachsenwald bei Friedrichsruh ist einer der angesagten ‚Schnurstracks'-Kletterparks. Mit der S-Bahn bis nach Aumühle, Rest zu Fuß (ausgeschildert!) oder dem Auto bis zum Holzhof Sachsenwald. Für Klein und Groß gibt es Parcours verschiedenster Schwierigkeitsgrade. Zusatz-Events wie BBQ können dazu gebucht oder ein selbst mitgebrachtes Picknick gemütlich verzehrt werden. Oma und Opa haben ihren Spaß beim Mitfiebern, Anfeuern und Zugucken. Kosten für 3 Stunden Action von 8,50 € (die Kleinen) bis 25 € (Erwachsene). Stand 2015. ■

Letzte Instruktionen.

Quelle: www.schnurstracks-events.de

Kurt Fischbeck – ‚Bei Aumühle', Öl, Leinen auf Platte gezogen, 50 x 60 cm, 1992

Das Billeland wie gemalt

▶ Hinter dem Wald versteckt sich der Fluss. Mehr als sein halbes Leben lang hat mein Vater, Kurt Fischbeck (1920–2007), gemalt. Dieses Bild, auch etliche andere, wie das Bild der Grander Mühle [> S. 124], hatten die eindrucksvolle Landschaft an Sachsenwald und Bille zum Thema. Die Eltern waren sehr gern an der Billeschleife im Krabbenkamp zu Besuch. Allein von Berufs wegen als Gärtnermeister war er sehr naturverbunden. Deshalb malte er 1992 dieses Ölgemälde*. Inspirationen holte er sich bei Spaziergängen, fotografierte mögliche Motive und malte sie in seinem Atelier in Hamburg auf Hartfaser-Platten. Die Ansicht oben zeigt die Landschaft in der Billeschleife am Krabbenkamp. Er nannte es „Bei Aumühle“. An der mittleren und unteren Bille war er auch aktiv. Vom Beginn der 1950er-Jahre bis ins 21. Jahrhundert hinein hat er ein Gesamtwerk von gut 2000 Bildern geschaffen. Darunter zahlreiche Bille-Landschaftsbilder. ■

* Weitere Bilder auf www.artbefi.de

Einzelhäuser und Reihenhäuser entstanden ab 1978.

Reinbek-Krabbenkamp

Wie eine uneinnehmbare Festung wird der jüngste Stadtteil der Stadt Reinbek auf drei Seiten von der Bille wie ein ‚Schutzgraben' umflossen. Auf der Nordseite bildet die Schnellbahnstrecke Hamburg–Berlin einen fast unüberwindlichen ‚Schutzwall'. Und woher kommt der Name ‚Krabben'-kamp?

‚Feld der Engerlinge'

▶ Gut dreieinhalb Jahrzehnte gibt es inzwischen den Krabbenkamp. Er ist der jüngste der Reinbeker Stadtteile und hat eine interessante Vorgeschichte. Sie ist eng verknüpft mit der Geschichte des Nachbarstadtteils Schönningstedt, denn die Siedlung Krabbenkamp wurde im östlichen Teil der ehemaligen Gemarkung Schönningstedt an der Bille errichtet.

Schönningstedt ist seit dem 1. Januar 1974 durch Gebietsreform Stadtteil Reinbeks und somit keine selbständige Gemeinde mehr. Das informative Buch ‚750 Jahre Schönningstedt 1974' beschreibt die historische und archäologische Geschichte des ehemaligen 2149 Hektar großen Gemeindegebiets. Die Bezeichnung des Geländes im weiten Billebogen ist nur aus zwei topografischen Karten von 1973 in dem Buch zu finden. Darauf werden die landwirtschaftlichen Flächen südlich des Hammelsberges und der Bahnstrecke Hamburg–Berlin als Krabbenkamp bezeichnet. Der Name Krabbenkamp beschreibt im regionalen Sprachgebrauch ein abgemessenes Feld auf dem es von Engerlingen (Krabben) wimmelt. Engerlinge sind die Larven des Maikäfers.

Nun, auf diesem 48 Hektar großen Feld wohnen wir heute. Und das kam so: Kurz nach Ende des Krieges verkauften die Bismarcks das Gelände an einen Hamburger Grundstücksmakler, der es an einen Kaufmann weiter veräußerte. Der wiederum stellte es dem Wohnungsbauunternehmen ‚Neue Heimat' einschließlich Besiedlungsgenehmigung zur Verfügung. Es sollte eine Gartenstadt mit einem dominierenden ‚Punkthaus' entstehen. Das Land Schleswig-Holstein und der Kreis Stormarn verweigerten die Zustimmung. Auch der Nachbarort Aumühle versuchte 1950 vergeblich den Krabbenkamp seiner Gemeinde zuzuschlagen. Doch die Gemeinde Schönningstedt gab nicht auf und erhielt eine Besiedlungsgenehmigung. Das Bauvorhaben wurde von Hamburg und Kiel abgelehnt, um ein Naherholungsgebiet zu erhalten.

Nach vielen Klagen über mehrere Instanzen zwischen 1957 und 1965 gelang es der Neue-Heimat-Tochter ‚Neues Heim', einen Plan über den Bau von 244 Eigenheimen vorzulegen, dem Schönningstedt sofort zustimmte. Die ‚Scharmützel' zwischen den Gemeinden Aumühle und Schönningstedt gingen bis weit in die 1970er-Jahre. Baubeginn des ersten Abschnitts (von zwei) war 1978. Es entstanden Einfamilien-, Doppel-, und Reihenhäuser.

Quellen: www.wikipedia.org/Jens-Olaf Griese-Bandelow,
‚Krabbenkamp die Entstehung dieses Stadtteils', vom Archivar der Stadt Reinbek

Bis 1981 war der zweite Bauabschnitt im östlichen Teil im Wesentlichen abgeschlossen. Es gibt eine Buskehre, an der ursprünglich ein Laden geplant war, der nicht realisiert wurde. Heute fahren die Schüler der Siedlung nach Reinbek mit dem Schulbus. Tagsüber geht ein Linienbus stündlich zur S-Bahnstation Aumühle. Zu Fuß sind es gut 15 Minuten dorthin. Ebensolang ist der Weg nach Wohltorf zum Bahnhof.

Im Grünstreifen befinden sich zwei Kinderspielplätze, die von der jetzigen Kleinkindergeneration stark frequentiert werden. Ein Bolzplatz wird gut genutzt, besonders seitdem vor gut einem Jahrzehnt ein Holzhaus in Eigeninitiative der Bewohner entstanden ist. Es wird von Jung und Alt für verschiedene Events genutzt.

Um das gesamte Areal herum schauen wir auf Weiden, wo gelegentlich Pferde grasen. Kleine Einkäufe erledigen meine Nachbarn und ich gern beim Bäcker oder Schlachter in Aumühle, wo sich auch zwei größere Supermärkte befinden. In den vergangenen Jahren haben sich die Aumühler Gewerbetreibenden an die Krabbenkamper im positiven Sinne gewöhnt. Sind gute Kunden doch immer gefragt. Auf dem jährlichen Weihnachtsmarkt am Bismarckturm wird gern mit einem Glühpunsch auf gute Nachbarschaft angestoßen. Das einzige was uns trennt, ist die Bille und das wird immer so bleiben. ■

Beim Totempfahl am Holzhaus treffen sich die Bewohner des Krabbenkamps gern zu einem Klönschnack.

Der Raps ist erblüht. Die Bismarcksäule wird von den belaubten Bäumen fast verdeckt.

Denkmale für den Reichsgründer

Der Blick schweift über ein frühes Rapsfeld am Krabbenkamp, von der ansteigenden Höhe des Hammelsberges mit seiner Bismarcksäule zur weißen Spitze des Bismarck-Turmes in Aumühle (rechts zwischen den Bäumen). Sie sind Zeugen einer Zeit deutscher Dankbarkeit an den Reichsgründer Otto von Bismarck.

Für Bismarck mit Turm und Säule

▶ In Sichtweite zur Bille wird mir deutsche Geschichte markant und unübersehbar dargeboten. In Aumühle steht der knallweiß angetünchte Bismarck-Turm. Ein Schriftzug aus großen Gold-Buchstaben springt dem Betrachter ins Auge: „Bismarck-Turm“. Unzählige Male sind wir daran vorbeispaziert. Zum Jahresende findet an seinem Fuße der „Aumühler Weihnachtsmarkt“ statt. Innen befindet sich heute die Gemeindebücherei. Aber auch Archiv- und Ausstellungsräume. Seinen ursprünglichen Zweck als Wasserturm erfüllt das Gebäude nicht mehr. Der 27 Meter hohe Turm hat eine Aussichtsplattform (über eine Wendeltreppe mit 122 Stufen zu erreichen), von der aus sich ein herrlicher Blick über das Billetal bietet.

Man könnte fast sagen gegenüber auf der Stormarner Seite, Luftlinie gut 1400 Meter über die Bille hinweg, steht die „Bismarcksäule“. Täglich fahren Tausende Autofahrer auf der L314, der Sachsenwaldstraße, an ihr vorbei. Auf dem Hügelzug Hammelsberg, so erfahre ich unter „www.bismarcktuerme.de“ wurde aus Mitteln der Deutschen Studentenschaft die „Bismarcksäule Friedrichsruh“ 1903 eingeweiht. Hier haben in den Folgejahren regelmäßig studentische Sonnenwendfeiern stattgefunden.

1901 eingeweiht, erbaut von Emil Specht aus Aumühle, zu Ehren Fürst Otto von Bismarcks.

Quelle: www.bismarcktuerme.de

In den Jahren 1934–48 fanden keine Sonnenwendfeiern statt. Erst ab 1949 trafen sich die Studenten wieder an der Säule. Seit 1968 wurden die Feiern eingestellt. Heute steht das sanierungsbedürftige Granitbauwerk unter Denkmalschutz. Es bleibt natürlich nicht aus, dass die Säule immer wieder Ziel von Ausflüglern, „Vatertags-Touristen“ und gelegentlich Graffiti-Sprayern ist. Da steht sie noch und kann nicht anders. ■

Die Bismarcksäule an der Sachsenwaldstraße Höhe Krabbenkamp. Detail: Reichsadler mit Bismarck-Wappen.

Eine Kanufahrt muss herrlich sein

▶ Obwohl ich mir immer und immer wieder vornehme, endlich eine Kanufahrt auf der Bille zu unternehmen, hat es bisher nicht geklappt. Zu schade, denn die Fotos vom Wasser aus könnten mein Büchlein bestimmt ‚aufpeppen'. In der Zeit von Mitte August bis Ende Februar ist das Befahren der Bille erlaubt, sofern der Wasserstand ausreichend hoch ist.

Das schönste Kanurevier auf der Bille reicht von der Grander Mühle bis nach Bergedorf. Die Untere Bille ist vom Naturschutzgebiet (NSG) Boberg bis nach Hamburg hinein auch als Kanurevier geeignet. Das NSG ‚Billetal' ab dem Einsetzpunkt Grande wird von den Kanufahrern selbstverständlich respektvoll behandelt. Wie ich einigen ihrer abenteuerlichen Berichte entnehmen konnte, ist es hier einigermaßen anstrengend auf der Bille zu paddeln. Im naturbelassenen Uferstreifen und dem Fluss versperren oft umgestürzte Bäume den Weg. Ab dem Einsetzpunkt Bismarck-Quelle wird es auch nicht leichter.

Der Wasserstand – wie hier bei der Grander Mühle – muss im „grünen" Bereich sein.

Haben die Wassersportler dann den Reinbeker Mühlenteich erreicht, sind sie froh eine Paddeltour durch unberührte Natur gemacht zu haben. Hinter dem Wehr am Reinbeker Schloss ist der letzte Einsetzpunkt für den verbleibenden Abschnitt bis zum Bergedorfer Schloss. Die Bille ist von eingestürzten Bäumen befreit und sie lässt sich sehr gut befahren. Das nutzen Paddelbegeisterte bei schönem Wetter aus und leihen sich am Bootshaus Bergedorf ein Boot. ■

An schönen Februartagen
sieht man sie schon –
die Kanufahrer auf der Bille.

Auf der Wiese am Amelungsbach: Schottische Hochland-Rinder.

Amelungsbach

Die Bille wird von vielen Zuflüssen mit Wasser ‚versorgt'. Wenig beachtet, aber ziemlich ergiebig ist der Amelungsbach. Er bringt sein Wasser von Kröppelshagen herüber durch die Wentorfer Lohe nach Wohltorf, wo er nach wenigen Metern hinter der S-Bahnunterführung in die Bille mündet.

Hinter den Grundstücken der Eichenallee in Wohltorf ist es für den Amelungsbach nicht mehr weit bis zur Bille.

Wentorfer Lohe am Amelungsbach

▶ Seitdem die Stiftung Naturschutz Schleswig-Holstein 2011 das 250-ha-Areal ‚Die Lohe' in Wentorf übernommen hat, geht es mit den Renaturierungsarbeiten voran. Das Konzept ‚Naturerbe Lohe' sieht vor, der Natur das durch Militärübungen ramponierte Gelände zu überlassen. Bürgerinitiativen brachten ihre Ideen ein. Laubwälder entstehen zugunsten von Nadelwald, alte Gebäude werden abgerissen.

Von 1970 bis 1997 war die Lohe ein militärisches Übungsgelände. Vor allem Panzerübungen wurden hier abgehalten. Der Amelungsbach, von Kröppelshagen kommend, führt durch das östliche Drittel der Lohe, parallel zum Börnsener Weg. Wie oft mögen hier die Panzer bei ihren Übungsfahrten über den Bach gebrettert sein, um die wenigen Tiere hochzuscheuchen?

Heute finden viele wieder einen fast intakten Lebensraum. Heideflächen, Trockengrasflächen, hier und da ein kleiner Teich oder Graben. An der Wentorfer Straße nach Wohltorf werden jährlich Schutzmaßnahmen für wandernde Frösche ergriffen. 2015 wurden drei neue Teichbiotope* eingerichtet, um den Fröschen, aber auch Molchen und Kröten einen sicheren Lebensraum zu bieten. Hundebesitzer treffen sich hier, um ihren vierbeinigen Lieblingen in ausgewiesenen Bereichen freien Auslauf zu verschaffen.

Dieser kleine Holzsteg am Ende des Nachtigallenwegs in Wohltorf führt über den Amelungsbach.

Quellen: www.panzergrenadierbrigade16.de/standorte/stouebpl-wentorfer-lohe.html
*Bericht im ‚Markt' vom November 2015

Amelungsbach: Hier entsteht intakte Natur.

STIFTUNG
NATURSCHUTZ
Schleswig-Holstein

Mehrmals im Jahr zieht es mich zur Lohe. Dann schaue ich den Schafen zu, die gemächlich grasend über die Naturwiesen ziehen. Wenig weiter trabt ein Pferd mit seinem Reiter, Jogger laufen schwitzend. So allmählich habe ich den Eindruck, dass ein großer ‚Bürger-Park' entsteht, wo vormals Landwirtschaft und Militär dominierten.

Zumindest kann man sich hier wohlfühlen, wenn einige Fehler der Vergangenheit erst wieder ausgeglichen sind. Dann sitze ich nahe dem Amelungsbach, schaue dem leicht dahingleitenden Wässerchen nach und denke, meine Bille ist dankbar für jeden reinen Wassertropfen, der aus dem weiten Land zu ihr kommt. ■

Die Wentorfer Lohe ist heute ein Freizeitgelände für Spaziergänger und Hundeliebhaber.

Osterfeuer am Dorfteich

▶ Am Ostersonnabend lodern in den vielen Bille-Anrainergemeinden, wie hier in Wohltorf am Dorfteich, die traditionellen Osterfeuer. Das spektakuläre Ereignis lockt Groß und besonders Klein an. Die Kinder machen sich dann ein Vergnügen daraus, so nah wie möglich an die heiße Glut heranzukommen und Zweige hineinzuwerfen. Die Großen erfreut eher eine deftige, gegrillte Wurst und ein frisch gezapftes Bier. Man trifft Nachbarn und Freunde zum ausgedehnten Gesprächsaustausch.

Vor dem Moment des Entzündens werden Kleintiere, die sich möglicherweise im Holz verkrochen haben, vertrieben. Die Männer und Frauen der Freiwilligen Feuerwehr beobachten aufmerksam das Abbrennen des meterhohen Holzstoßes, damit keiner zu Schaden kommt. Für die richtige Windrichtung ist der Wettergott zuständig. Wäre es überhaupt ein richtiges Osterfeuer, wenn hinterher die Kleidung nicht einen leichten Brandduft aufweisen würden? Sind die Wintergeister endlich vertrieben und haben sich die Rauchschwaden aus dem Billeland verzogen, kann der Frühling kommen. ■

Die Wintergeister werden beim beliebten, jährlichen Osterfeuer am Amelungsbach in Wohltorf vertrieben.

Sonniger Herbst am WohltorferTonteichbad.

Wohltorf spezial & Tonteichbad

Wohltorf ist irgendwie etwas größerflächig verstreut. Sein ursprünglicher Ortskern war um den Dorfteich Am Brink mit Bauernhöfen und Landwirtschaft herum angesiedelt. Weitere Teile gehören heute zur zweieinhalb Tausend Einwohner zählenden Gemeinde: Die Villenansiedlung im Bereich des S-Bahnhofes Wohltorf, die Siedlung am Börnsener Weg, direkt am Sachsenwald und ein Teil bis zur Aumühler Einkaufsstraße. Mitten durch den Ort fließt der Amelungsbach.

Genau wie Aumühle wird und wurde Wohltorf vorzugsweise von Hamburger Unternehmern und Industriellen als Wohnort präferiert. Wohltorf gilt als eine der reichsten Gemeinden Deutschlands. Spezielles Zeichen dafür ist der mondäne, private ‚Tontaubenklub Sachsenwald‘ in dem Tennis und Hockey gespielt wird. Der Klub hat ein Drittel des Tonteiches für seine Mitglieder als Schwimmbad gepachtet. Die anderen zwei Drittel beherbergen das öffentliche Tonteichbad. Ein Freibad, das sich im Sommer allergrößten Zuspruchs bei den umliegenden Anwohnern aus Reinbek, Aumühle, Wentorf und sogar aus Hamburg erfreut.

Das sehr familiäre, gut ausgestattete Tonteichbad ist nicht mit der Bille verbunden. Das Wasser in dieser ehemaligen Tongrube ist sehr angenehm für die Haut, hat eine heilende Wirkung, ähnlich wie essigsaure Tonerde. Umrandet vom Wald des Eschenbruchs und Grübben liegt es in intakter Natur.

Quellen: www.wikipedia.org,
www.ndr.de/ratgeber/reise/herzogtum_lauenburg/Baden-vor-den-Toren-Hamburgs,tonteich101.html

Ein Spaziergang in der schneebedeckten Billelandschaft bei der Doktorbrücke.

Bille-Winter

Ja, es gibt ihn noch, den „schneehaltigen“ Winter am Billefluss. Auch wenn er in den letzten Jahren eher selten vorbeischaut, sind uns in den ersten Wochen des Jahres hier und da ein paar schneereiche Tage vergönnt. Dann gilt es, die Kamera zu zücken und tolle Bilder einzufangen, die später in der warmen Stube bewundernde Gedanken hervorrufen.

Selten, aber schön – eine dicke, malerische Schneehaube auf der Infotafel.

Impressionen

Beim Betrachten der Bilder gehe ich den Weg am Billehang zur Doktorbrücke wieder und wieder. Ein Sonntag im Sachsenwald. Viele Spaziergänger waren unterwegs. Stundenlang stapften sie mit ihren festen, warmen Stiefeln über die Forstwege von Aumühle zum Witzhaver Viert. Andere kamen von Ohe oder Friedrichsruh herüber. Mit Schlitten oder

Autor Berndt Fischbeck wandert duch dicken Bille-Schnee.

im Schnee

Langlaufski eroberten sie die schneebedeckte Waldlandschaft. Selbst für Hundebesitzer gab es kein Halten. Ihre Vierbeiner tollten durch den hochwirbelnden Pulverschnee. Es schien ihnen ein reines Vergnügen.

Bei solchen Bildern kann man nicht widersprechen. Also, liebe noch folgende Winter: Ein bisschen Schnee darf es gerne noch sein! ■

Selten gewordene Winter-Momente: Die Billenatur wie in Watte gehüllt.

*Auch im Billeland kann der Winter wunderschön sein!
Der Graben fließt vom Gut Schönau herunter und durchschneidet
hier kurz vor Sachsenwaldau die Schneewelt.*

Oher Spargel

▶ „Ich habe Spargel bei Herrn Kröcher bestellt. Kannst du den mal abholen?" Die Auftragslage ist klar, ich hüpfe ins Auto und düse kurz mal nach Ohe. Der Nachbarstadtteil ist nicht weit vom Krabbenkamp entfernt. Hinter dem Gut Schönau und dem Klingeberg liegt Ohe. Eng verbunden ist die Vorgeschichte mit Schönningstedt. Das entnehme ich ebenfalls dem Buch ‚750 Jahre Schönningstedt' [> S. 214].

Heute, in der Jetztzeit, lockt der leckere Spargel aus Ohe und übers Jahr die Produkte, die im Oher Hofladen von Axel Kröcher angeboten werden. Bekanntheit erlangte Ohe in der Region durch ‚Prahls Gasthof' (1864 gegründet), der bis heute von der Familie Hackmack über mehrere Generationen geführt wird. Hier sollen in der Saison schmackhafte Wildgerichte die Gaumen der Gäste verwöhnen. Nach dem langjährigen Chef Hans-Heinrich Hackmack wurde auch das Stadion des FC Voran Ohe benannt.

Die Freiwillige Feuerwehr Ohe hat seit 1974 eine bemerkenswerte Partnerschaft mit den Kameraden des finnischen Ortes Padasjoki (bei Lahti). Ausdruck dieser Freundschaft ist der Padasjokiplatz in Ohe seit 1988 und das Gegenstück in Padasjoki mit dem ‚Ohe-Reinbek-Park' von 1992. Also, finnische Gemeinden sind als Partner sehr beliebt an der Bille [> S. 75]. ■

Oher Hofladen

Prahls Gasthof

Padasjoki-Platz

Quellen: www.oher-hofladen.de, www.ahgz/regional-und-lokal, www.feuerwehr-ohe.de/finnland

Buschwindröschen (Anemone)

Was mir an der Bille blüht

▶ Ich kann doch die Blütenpracht nicht einfach links liegen lassen! Bei jedem Bille-Spaziergang entdecke ich Blüten in allen Farben, zu allen Zeiten, auf allen Wegen, an allen Bäumen, Büschen und am Boden. Sie sind die Garnitur entlang meiner geliebten Bille. Es gibt so viele von ihnen, wie diese Buschwindröschen (Anemone nemorosa). Ich finde, einige sollten hier in meinem Büchlein ihren gebührenden Platz erhalten. Sie, liebe Leser, werden sie bestimmt wiederfinden, auch an Ihren Wegen.

Weißklee mit 4-blättrigem Blatt

Rote Taubnessel

Neulich hatte ich die Augen nur auf den Waldboden gerichtet. Ich suchte nach einem Glückskleeblatt. Als Kind wurde mir erzählt, das gilt nur für die 4-blättrigen Sauerkleeblätter. Ich fand keines. Dann entdeckte ich das Gesuchte im Weißklee. Zählt aber nicht! Nun gut, Sauerklee und Weißklee sind eben nicht verwandt miteinander. Die Rote Taubnessel kommt an der Bille häufig vor und gehört zu den Lippenblütlern. Wie allerdings das Frühlings-Nabelnüsschen zu mir in den Bille-Wald kommen konnte, ist mysteriös. Laut Wikipedia kommt es nur in Österreich vor. Bei uns läuft die Pflanze unter der Bezeichnung ‚eingebürgerter Neophyt'*.

Frühlings-Nabelnüsschen

* Pflanzen nennt man Neophyten, wenn sie sich ohne oder mit menschlicher Einflussnahme in einem Gebiet etabliert haben in dem sie zuvor nicht heimisch waren. (Wikipedia)

Übers Wehr zur Elbe.

Am Mühlenteich

... in Reinbek steht das Schloss. Mehr als die Hälfte ihres Weges zur Elbe hat die Bille bis hierher zurückgelegt. Das Wasser sammelt sich zur kurzen Ruhepause im Mühlenteich. Am Wehr stürzt die Bille dann 2,50 Meter tief, um den nächsten Abschnitt – nach Bergedorf – zu durchfließen. Reinbek liegt im ‚Speckgürtel' Hamburgs wie viele sagen.

Vielleicht hatte Herzog Adolf I. Mitte des 16. Jahrhunderts genau diesen Blick über den Mühlenteich vor seinem inneren Auge, als er sich entschied hier sein Schloss zu bauen.

Reinbek an der Bille

▶ Die Geschichte unserer Stadt Reinbek hängt eng zusammen mit ihrer Lage auf der Geest und dem Lauf der Bille. Sie bildet die südliche und östliche Grenze des heutigen Stadtgebietes. In dem Bereich gibt es immer noch 47 Hügelgräber, was darauf hindeutet, dass schon in der Vorzeit Menschen hier sesshaft waren. Viele kleine Ansiedlungen wurden Anfang des 13. Jahrhunderts bereits handschriftlich, urkundlich festgehalten.

Erste Erwähnung in der Geschichte findet der Ort Reinbek durch die Gründung eines Zisterzienserinnen-Klosters 1226/29 in Hoibek (nahe Sachsenwaldau). 1233 mussten die Frauen umziehen, denn das Kloster ‚Reynebeke' wurde nach Köthel am Billeoberlauf verlegt. Um 1251 zog das Kloster erneut um. Es ging mit Sack und Pack nach Hinschendorf. Der Name „Reinbek" wurde einfach mitgenommen. Zu Hinschendorf gehörte damals auch der Mühlenteich, wo das Kloster schließlich seinen Sitz erhielt und behielt. Von den Landesherren aus Holstein und Lauenburg, deren gemeinsame Grenze die Bille war, bekamen die Nonnen viele Ländereien gestiftet. Das war der Grundstock einer erblühenden Region. Es ist wohl überliefert, dass die Klosterfrauen recht fleißig waren und sehr viele Bewohner der Gegend davon profitierten. Im Mai 1534 allerdings war alles aus: Das Kloster wurde von Lübecker Söldnern zerstört und niedergebrannt.

Danach gehörten die ehemaligen Klosterbesitzungen den Herzögen von Schleswig-Holstein-Gottorf, die sie in das Amt Reinbek umwandelten. Knapp 30 Jahre später entstand ein dreiflügeliges Renaissance-Schloss. Bauherr war Herzog Adolf I. Dieses wunderschöne Schloss ist von 1977 bis 1987 in seinen heutigen Zustand umgebaut worden und dient als Kunst- und Kulturzentrum. Das repräsentative Schloss ist deshalb eine Geschichte für sich [> S. 243].

Der Reinbeker Amtmann Vahrendorp löste die alte Siedlung Hinschendorf auf, deren Einwohner wurden in andere Dörfer umgesiedelt. Um das Schloss herum konzentrierte sich nun das wirtschaftliche Leben. Die Bauern der Umgegend mussten ihr Korn in der Reinbeker Mühle mahlen lassen. Auf einer Stelltafel am Schlossgelände ist gut zu erkennen, wie sich wesentliche Gebäude am Mühlenteich und der Bille konzentrierten.

Der Ort begann sich zu entwickeln. Nach den Herzögen Schleswig-Holstein-Gottorfs herrschten ab 1773 die Könige Dänemarks. 1867 fiel Schleswig-Holstein an Preußen. Landkreise wurden eingeführt und Reinbek wurde Sitz des Landrats des Kreises Stormarn. Verschiedene Güter waren entstanden. So das Gut Hinschendorf, Gut Silk, Gut Schönau und Gut Sachsenwaldau.

Quellen: www.reinbek.de/stadt_politik/geschichte/index.html, www.wikipedia.org, www.schloss-reinbek.org

Informative Stelltafel am Reinbeker Schloss.

An der Straße nach Mölln entstanden die ‚Krughäuser' (Gasthäuser mit Ausschank) Haidkrug und Büchsenschinken. Zur Mitte des 19. Jahrhunderts hatte Reinbek um 300 Einwohner. Das änderte sich mit dem Bau der Eisenbahn Hamburg–Berlin. Immer mehr wohlhabende Hamburger Bürger errichteten sich Villen in der Nähe der Bille. Etliche Ausflugslokale lockten Sonntags-Ausflügler aus Hamburg nach Reinbek. Es wurden Extrazüge eingesetzt, so beliebt war der Ort. Reinbek wurde mit der Errichtung des „Sophienbades" sogar Kurort und avancierte zu einem bevorzugten Wohnort im Grünen. Handel und Handwerk mehrten sich, Vereine wurden gegründet, die Gemeinschaft wuchs. Aus einer Ansammlung von einzelnen Häusern entstand bald ein blühender Ort.

1873 wechselte der Amtssitz des Landrats in das preußische Wandsbek. Das Schloss wurde zum Hotel und Pensionat. Nach dem 2. Weltkrieg zog die Bundesforschungsanstalt für Forst- und Holzwirtschaft in das Schlossgebäude. Ihre heutige Größe erhielt die Stadt nach der Gebietsreform von 1974, als Schönningstedt, Ohe, Neuschönningstedt und Teile von Stemwarde und Glinde zu Reinbek kamen. Jüngster Stadtteil ist seit 1978 der Krabbenkamp.

Wohnen am
Reinbeker Schlosspark.

Wohnen im
Reinbeker Krabbenkamp.

Wohnen auf
Gut Schönau in Reinbek.

Wohnen am
Reinbeker Mühlenteich.

Stolz ragt der Treppenturm des Reinbeker Schlosses in den blau-weißen, schleswig-holsteinischen Himmel.

Schloss am Mühlenteich

▶ Das herrliche Renaissance-Schloss am Reinbeker Mühlenteich haben wir mehrmals im Jahr auf dem Plan. Sei es, dass es Ziel längerer Spaziergänge ist oder wir dort jährlich wiederkehrende Events besuchen. Im Frühjahr: Ostereier sammeln am Schloss, meist mit den Kindern oder Enkelkindern. Im Winter: Besuch des Weihnachtsmarkts, man will ja gern die Nachbarn treffen. Konzerte, viele im Rahmen des Schleswig-Holstein-Musikfestivals, Vorträge und Ausstellungen finden regelmäßig statt. Sehr beliebt: Die traumhaften, romantischen Hochzeiten im Gottorf-Zimmer des Schlosses.

An die Menschen des 21. Jahrhunderts hat Herzog Adolf I. (1526–1586), der spätere Erbauer des Schlosses, bestimmt nicht gedacht. Der Sohn des Dänenkönigs Friedrich I., teilte sich mit seinen zwei Brüdern die Herzogtümer Schleswig und Holstein. Er genoss eine ‚europäische' Erziehung und kehrte nach kriegerischen Einsätzen außerhalb Schleswig-Holsteins auf sein Schloss Gottorf in Schleswig zurück. Erst ließ er das Schloss Husum und das Schloss Tönning bauen. Dann, 1572 bis 1576 wurde in seinem Auftrag das (‚unser') Reinbeker Schloss als Nebenresidenz errichtet. Auch das bereits erwähnte Schloss Trittau [> S. 102] stammt aus der Zeit.

Auf dem brach liegenden Gelände des ehemaligen Klosters Reinbek am Billeufer ließ der Bauherr eine dreiflügelige Anlage mit Treppenturm errichten, die im weiteren Zeitenlauf eine wechselvolle Verwendung fand. Adolfs Nebenresidenz war Wohnsitz bei Aufenthalten in den Ämtern Reinbek und Trittau. Sie wurde auch als Jagdschloss genutzt. Lag ja auch nahe, denn im benachbarten Sachsenwald fanden ‚Parforcejagden' statt, an denen Adolf I. und seine Gäste teilnahmen.

Nach Adolfs Ableben nutzten herzogliche Witwen des Familienverbandes die Residenz als Wohnsitz. Die Schossanlage wurde während des 30-jährigen Krieges von Plünderung verschont. Im 18. Jahrhundert verlor das Haus Schleswig-Holstein-Gottorf an Einfluss, zumal das Herzogtum Schleswig vom dänischen Königshaus annektiert wurde. Die Herzogswürde ging an das russische Zarenhaus. Die Mutter der Zarin Katharina der Großen (Johanna Elisabeth von Schleswig-Holstein-Gottorf) verbrachte als Gräfin von Reinbek ihren Lebensabend im Schloss Reinbek.

Das Schloss war nach dem Übergang in dänischen Besitz weiterhin vorwiegend als Amtssitz in Gebrauch. Das Schicksal der Schlösser Trittau, Reinfeld und Ahrensbök, die im 18. Jahrhundert abgerissen wurden, blieb dem Schloss Reinbek erspart.

Quellen: www.wikipedia.org/wiki/Schloss_Reinbek,
Vortrag Helmuth Peets (Bargteheide) über die Bille, Februar 2015

Die wechselnden Besitz- und Nutzungsverhältnisse setzten sich fort. Ab 1866 wurde das Herzogtum Holstein preußisch (dank Otto von Bismarck [> S. 194/195]). Das Amt Reinbek ging in Stormarn auf. Als der Landratssitz von Reinbek nach Wandsbek verlegt wurde versteigerte die preußische Finanzbehörde das Schloss für 25.000 Taler. Der neue Besitzer verkaufte es 1874 an die Familie Specht. Wilhelm Specht wandelte es in ein Hotel um, das bis 1919 bewirtschaftet wurde. Es folgten etliche Umbauten, die Arkaden wurden geschlossen.

1939 kaufte die Freie und Hansestadt Hamburg das Schloss. Sie ließ das Gebäude umfunktionieren zum „Reichsinstitut für ausländische und koloniale Forstwirtschaft", später Bundesforschungsanstalt für Forst- und Holzwirtschaft. 1972 erwarben der Kreis Stormarn und die Stadt Reinbek das Schloss.

Ruhebank in den Arkaden.

Das Schloss ist komplett zu umrunden und von allen Seiten schön anzusehen.

Quellen: www.wikipedia.org/wiki/Schloss_Reinbek, www.schloss-reinbek.org/schloss/zeittafel, Buch ‚Aumühle im Sachsenwald', erschienen im Viebranz-Verlag

Durch finanzielle Hilfe der Länder Hamburg und Schleswig-Holstein sowie des Bundes konnte 1977 mit der Restaurierung des Schlosses begonnen werden. Es wurde weitestgehend in den Zustand aus der ersten Hälfte des 17. Jahrhunderts zurückversetzt. Die 10 Jahre Umbauzeit bis 1987 haben sich gelohnt. Das Schloss ist heute das Kulturzentrum der Region. Die Räume werden vorrangig für Veranstaltungen genutzt und beherbergen deshalb relativ wenige museale Exponate. Der Verein ‚Freunde des Schlosses Reinbek e.V.' fördert durch seine Tätigkeit die Nutzung des Schlosses. Seit 2009 findet hier jährlich die ‚Reinbeker Wirtschaftskonferenz Afghanistan' statt. ■

Moderne Steinplastiken im Schlosspark.

Auf einem Teppich aus Gänseblümchen am Ufer des Mühlenteichs: Freizeit im Reinbeker Schlosspark.

Das Museum Rade

Wenige Meter vom Ufer der Bille: volkstümliche Kunst im Museum Rade.

▶ ... ist 1987 aus einem alten Bauernhaus vom Naturpark Oberalster hierher nach Reinbek umgezogen. In der altrosa getünchten Gründerzeitvilla wird die Kunst-Sammlung von Rolf Italiaander gezeigt. Als Forschungsreisender und Ethnograf sammelte er volkstümliche Kunst in/aus vielen Teilen der Welt. Seine Mittel waren bescheiden und so bekam er vieles geschenkt. Unermüdlich trug er so einen Schatz an ‚naiver Kunst' und ‚Folklore' – wie er es selber nannte – zusammen.

Die anfänglichen Wiederstände in Reinbek sind hoffentlich überwunden. Damals hieß es, Zitat*: „Überfremdung sei in Reinbek nicht erwünscht." Nun steht das Museum fast 30 Jahre hier und hat wohl seinen berechtigten Platz gefunden. Ich kann den Bille-Wanderer nur ermutigen, die Treppe hinauf zu steigen und sich mit der Kunst und Kultur fremder Völker zu befassen. Der Eintritt kostet 1,50 Euro, die Kombi-Karte (inklusive Eintritt Schloss Reinbek) kostet 3 Euro. ■

Quellen: www.zeit.de/2011/20/Museumsfuehrer-Rade, www.wikipedia.org/wiki/Rolf_Italiaander,
*Aus dem ZEIT-Artikel von Sven Berhisch, Mai 2011

Herbstlich gelbe Lindenblätter als Kontrast zum roten Gemäuer und billeblauen Himmel.

Maria-Magdalenen-Kirche Reinbek

▶ Links neben dem Portal ist auf der Zeittafel zu lesen, dass die neo-gotische Kirche 1901 eingeweiht wurde. Ihren Namen erhielt sie in Anlehnung an das bis 1529 in Reinbek existierende Nonnenkloster. Reinbek gehörte einmal zum Kirchspiel Steinbek. Gottesdienste fanden bis 1874 zeitweise in der Kapelle des Reinbeker Schlosses statt. Seit 1894 ist Reinbek selbständige evangelisch-lutherische Kirchengemeinde. Die umliegenden Gemeinden Reinbek, Schönningstedt, Ohe, Glinde und Wentorf gründeten einen Kirchbauverein. Grundsteinlegung war im Jahre 1900, der Architekt Hugo Groothoff kam aus Hamburg.

1992 wurde die Kirche einschließlich ihrer historischen Ausstattung in das Denkmalbuch eingetragen. Der 30 Meter hohe Turm ist bis ins Billetal zu sehen. Die ansehnliche Backstein-Kirche liegt zentral an der Kirchenallee 1, nicht weit vom Rosenplatz. Zur Kirchengemeinde gehört seit 1921 auch der Friedhof Klosterbergen, der ehemals von einem Hamburger Kaufmann namens Schramm und seiner Frau gestiftet wurde. ■

Täglich passieren ungezählte Reinbeker die Maria-Magdalenen-Kirche an der Schönningstedter Straße Ecke Kirchenallee.

Quellen: www.reinbek-mitte.de/index.html, http://friedhof-reinbek.de/geschichte.html

Hinter diesem Rowohlt-Gebäude beginnt der Billewanderweg.

Rowohlts Lektor schaut auf die Bille

▶ Wenige Meter hinter einem der Gebäude des Rowohlt-Verlages in Reinbek fließt die Bille. Die Verlagsmitarbeiter könnten sehen, wie ich auf dem Billewanderweg vorbeischlendere. Seit 1960 (erweitert 1970) befindet sich der Sitz des Verlages in Reinbek. Der moderne Gebäudekomplex an der Hamburger Straße wurde vom Architekten Fritz Trautwein (baute u.a. die Grindelhochhäuser und den Fernsehturm in Hamburg) geplant und steht heute unter Denkmalschutz. Die Unternehmensgruppe sitzt in Berlin und Reinbek und gehört zur Verlagsgruppe Holtzbrinck. Das Verlagsprogramm deckt überwiegend die Bereiche Belletristik und Sachbuch ab.

Als ich Anfang der 1960er-Jahre den Beruf des Schriftsetzers erlernte, wurden in meiner Lehrdruckerei die ‚Fischer-Taschenbücher' gedruckt. Schon in den 50er-Jahren boomte das Angebot der günstigen ‚Paperbacks' (heute Softcover). Sie erschienen u.a. bei DTV, Heyne, Ullstein, Goldmann, Bastei-Lübbe jedoch als erste bei Rowohlt. Die ro-ro-ro*-Taschenbücher waren äußerst beliebt, denn mit ihren Titeln erreichten sie nach dem Krieg die lesehungrigen Leute mit begrenztem Budget. Das erste Taschenbuch (erschienen Juni 1950) war Hans Falladas „Kleiner Mann – was nun?" ■

Quelle: www.wikipedia.org, www.rowohlt.de/verlage/rororo
* rororo = Rowohlts-Rotations-Romane

In Gemeinschaft ist das Wandern ein besonderes Erlebnis. Größere Gruppen sind im Sachsenwald keine Seltenheit.

Wandergruppen und ich

▶ Beinahe hätte ich enthusiastisch vom „Wanderparadies an der Bille“ gesprochen. Nun gut, das wäre etwas übertrieben, aber allemal beliebt bei Wandergruppen und Spaziergängern sind die ungezählten Wege durch den Sachsenwald, die Hahnheide und überhaupt das gesamte Billegebiet.

Im Sachsenwald sind alle wichtigen Routen markiert. Viele Vereine und Organisationen haben teilweise ihre eigenen Zeichen, die sie ihren Mitgliedern an Bäumen und auf Steinen als Hinweise anbieten. Keine Frage, es geht oft schon im frühsten Frühjahr los. Sie sind nicht zu halten, die Naturfreunde. Im März (oft schon Februar) mummeln sie sich wetterfest ein, schützen sich gegen Regen und ziehen los. Voran meist ein Wanderführer, der Informationen gibt und die besten Strecken kennt. Den Abschluss bilden die Teilnehmer, die gerne mal eine Blume am Wegrand bestaunen.

Ich ziehe vorzugsweise alleine los. Am liebsten habe ich trockenes, leicht sonniges Wetter. Ein Ziel wird anvisiert und der Rucksack geschultert. Es gibt nichts Schöneres, als den Stimmen des Waldes, dem Plätschern der Bille zu lauschen, immer offene Augen für Blüte und Blatt zu haben. Motive für die Kamera gibt es in Hülle und Fülle. Für mich ist das Billeland ein Naturparadies.

An sommerwarmen Tagen spazieren Familien mit Picknickkorb in den Wald. Sie finden Lichtungen oder Ufersäume, wo immer ein Plätzchen sich bietet. Solange die Natur von niemandem gestört wird, ist jeder herzlich willkommen im Billewald. ■

Der Autor hat wandernd bereits unzählige Kilometer an der Bille zurückgelegt.

Bäume, Steine, Schilder: die Hauptwanderwege sind sehr gut markiert.

Was mir an der Bille blüht: Die Bauernorchidee

Farbspektrum von Weiß bis Magenta.

▶ Das ‚Drüsige Springkraut', auch Bauernorchidee genannt, wächst üppiger denn je in den feuchten Auenbereichen der Bille. Ursprünglich stammt es vom indischen Subkontinent, hat sich aber in den letzten zwei Jahrhunderten über die ganze Welt verbreitet. Kleiner Nachteil: Es kann wegen seines schnellen, hohen Wachstums heimische Auenpflanzen möglicherweise hier und da verdrängen. ■

Nach Wentorf über die Bille

▶ Reinbek und Wentorf trennt nur die Bille. Aber sie verbindet auch: Die Schlossstraße (L222) ist die einzige Straßenverbindung zwischen der Stadt Reinbek und der Gemeinde Wentorf. Darüber hinaus gibt es noch den Bögesteg, der die Loddenallee auf Reinbeker Seite mit dem Billeweg auf Wentorfer Seite verbindet. Schließlich verbindet der Krähenwaldsteg an der Unteren Bahnstraße in Wentorf den Krähenwald in Reinbek mit dem Billewanderweg. Beidseitig der Bahnstrecke auf östlicher Seite der Bille finde ich hier Häuser und Villen, teilweise aus der Gründerzeit, der etwas gehobeneren Klasse. Ähnlich verhält es sich auf der anderen Seite des Mühlenteiches. Vom Reinbeker Villenviertel an der Bahnsen- und Buchtallee erreicht man Wentorf zu Fuß über die Bauerbrücke. Dort hinter dem ‚Grübben' gelangt man zum Reinbek-Wentorfer Golfclub-Gelände.

Schlossstraße

Krähenwaldsteg

Bauerbrücke

Ausritt im Schnee

Hoch zu Ross an einem sonnigen Wintertag durchs „Billeland“. Da wiehert nicht nur das Pferd, da freut sich erst recht der Reiter und lässt Spaziergänger am Wegesrand daran teilhaben. Ein aufmunterndes „Hü und Hott“ erklingt. Die Hufe drücken Spuren in den Schnee.

'Aufgalopp' im Schnee in der Nähe von Gut Silk.

Drei Reiter sind beim Gut Silk in den ersten warmen Maitagen unterwegs.

Reiterfreuden am Billeufer

▶ Ich trete rücksichtsvoll etwas an die Seite, wenn Reiter nahen. Beim Spaziergang durch den Sachsenwald sind die eigens ausgezeichneten Reitwege gut zu erkennen. Ein freundlicher Gruß wird erwidert, denn hier wird jeder respektiert und was gibt es Schöneres, als sich mit allen Naturfreunden das Terrain zu teilen.

Dabei scheint mir wichtig, ruhig aneinander vorbei zu schreiten, denn ich kann mir gut vorstellen, dass die Pferde unruhig werden können, wenn Passanten wild gestikulierend und krawallig auf die Tiere zugehen. Es ist ganz nebenbei ein hübscher Anblick, wenn Reiter und Pferd im gleichmäßigen Schritt oder leichten Trab vorüberziehen.

Reiten ist im Sachsenwald und entlang dem Billeufer mit einer sogenannten Reitkarte erlaubt. Sie muss bei der Forstverwaltung erworben werden und berechtigt dann zum Reiten auf den ausgewiesenen Reitwegen. Rund um den Sachsenwald und der angrenzenden Bille befinden sich etliche Reiterhöfe. Die Reitsportfreunde habe somit kurze Wege in die schöne Natur.

Nicht selten sehe ich Reitfreunde, die ihre Lieblinge per Pferde-Transporter zu bekannten Ausgangspunkten rund um den Sachsenwald mitbringen und beispielsweise von Kuddewörde, Sachsenwaldau, Ödendorf oder anderen Ecken aus direkt schöne Reitausflüge quer durch den Sachsenwald unternehmen.

So ist das Naturschutzgebiet Billetal und der weitläufige Sachsenwald mit seiner Tier- und Pflanzenvielfalt vom Rücken der Pferde aus genauso gut zu erleben wie zu Fuß oder per Fahrrad. ■

Ein Schimmelreiter durchquert die Feldmark bei Ohe.

Vier junge Reiterinnen ermuntern ihre Pferde durch das flache, kühle Billewasser bei der Fürstenbrücke zu schreiten.

Wind + Wasser, die Bille-Energie

‚Erneuerbare Energie' ein oft gehörter Begriff der Jetztzeit. Aber im Billeland wurden Wind und Wasser schon seit Jahrhunderten genutzt. Moderne Techniken haben sie fast ins Reich des Vergessens gedrängt. Erfreulicherweise sind einige Zeugen der emissionsfreien Energieerzeugung noch erhalten. Meine Billeregion hat einige ansehnliche und erlebbare Exemplare zu bieten.

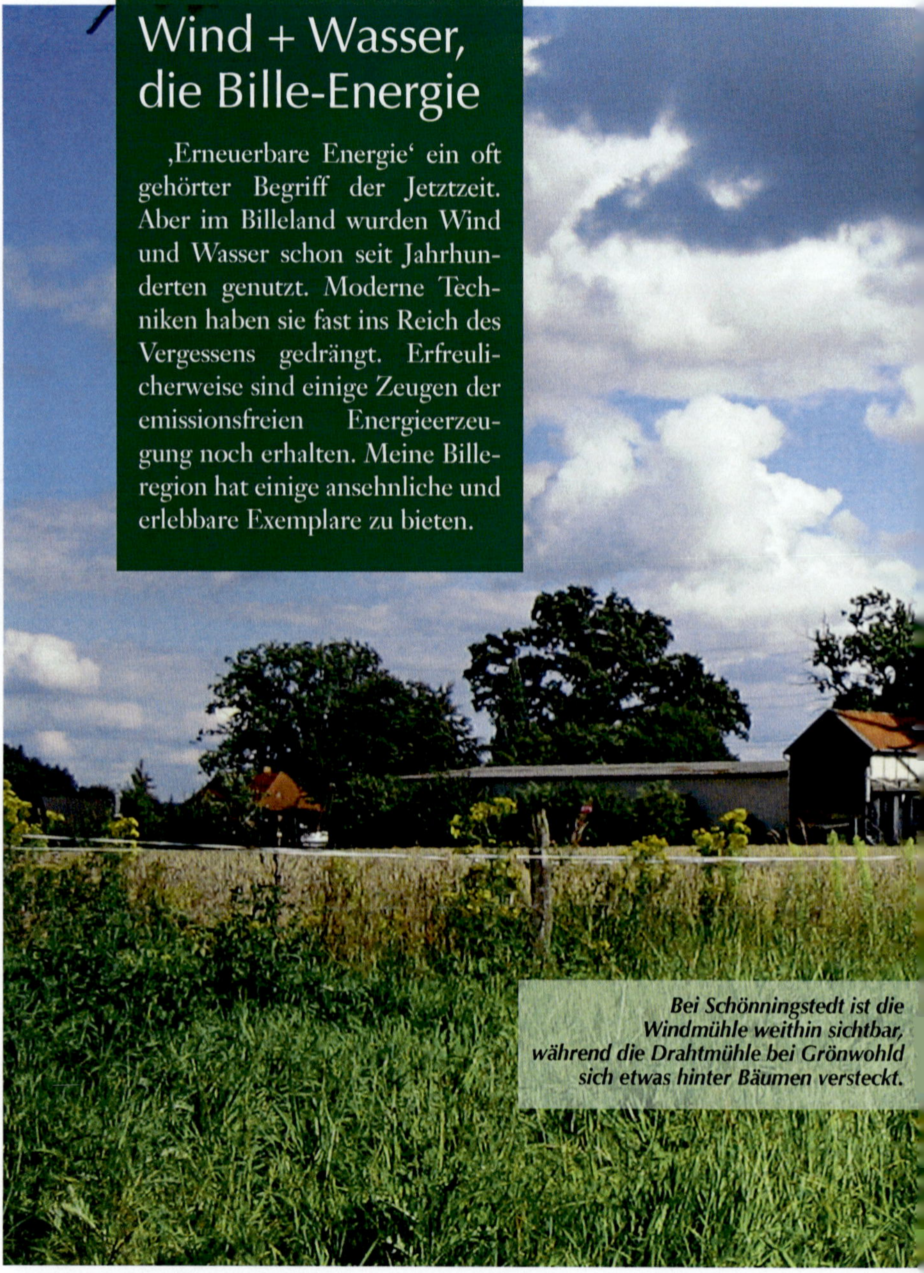

Bei Schönningstedt ist die Windmühle weithin sichtbar, während die Drahtmühle bei Grönwohld sich etwas hinter Bäumen versteckt.

‚Energielieferanten' an der Bille

▶ Das Wasser der Bille hat zur Energieproduktion über Jahrhunderte einen nicht unerheblichen Anteil beigesteuert. Auch der beständige norddeutsche Wind hat seine Kraft auf Mühlenflügel und deren Holzzahnräder übertragen und damit Räderwerke bewegt. Ich will mich in diesem Beitrag gezielt auf die ortsansässigen Mühlenverfahren beschränken. Und dazu greife ich in die Kiste der Lerninhalte meiner Schulzeit. Hilfreich sind dann die Bezeichnungen wie Korn- oder Getreidemühle, Kupfermühle, Drahtmühle, Lohmühle, Sägemühle, Papier- oder Walkmühle, um nur einige zu nennen.

Da springe ich gleich zur bekannten Wassermühle von Trittau [> S. 106], die in Sichtweite zur Bille am Mühlenteich steht. Sie war eine

Die Trittauer Wassermühle ist heute kulturelles Zentrum.

Weit im Land bekannt: die Grander Mühle.

Quellen: www.wassermuehletrittau.de, www.trittau.de

Kornmühle, erbaut 1701, in der wohl Generationen von Getreidebauern ihr Korn haben mahlen lassen. Ebenso die Grander Mühle [> S. 124], die ja noch viel älter ist. Sie soll aus dem Jahr 1335 stammen. Wenn wir heute vor dem großen Mühlenrad stehen, sehen wir, dass es vom Wasserstrom unten angetrieben wurde. Das Wasser der Bille, die von Kuddewörde herunterkommt, wurde aufgestaut und durch Schieberegler dosiert, um einen gleichbleibenden Durchfluss zu erreichen. Diese Funktionsweise lief auch bei der Kornmühle am Bergedorfer Serrahn. Als im 13. Jahrhundert das Wasser der Bille aufgestaut wurde errichtete man eine erste Mühle. Das schöne Fachwerkhaus (ab 1839), heute am Durchgang zwischen der Kirche St. Petri und Pauli zum City Center Bergedorf, beherbergte eine Wassermühle, in der bis 1939 Getreide gemahlen wurde. 1974 wurde sie in ihrer heutigen Form wieder neu gebaut.

Wenn ich gerade schon in Bergedorf bin, gehe ich gleich einmal rüber zum ‚Galerieholländer' an der Chrysanderstraße. Diese Windmühle trieb ein Mahlwerk zum Zerkleinern von Eichenrinde an, die zum Gerben benötigt wurde. Später wurde aus der ‚Lohmühle' eine Kornmühle und war bis 1968 in Betrieb. Heute wird sie vom Verein Bergedorfer Mühle e.V. betreut, kann besichtigt und für Feste gebucht werden.

Ehemalige Kornwassermühle in Bergedorf.

Galerieholländer Chrysanderstraße in Bergedorf.

Quellen: www.wikipedia.org, www.bergedorf-info.de, www.bergedorfer-muehle.de

Pirschmühle

Glinder Kupfermühle

Übrigens, der Begriff ‚Galerieholländer' bezeichnet diese Art von Windmühle, die zur Bedienung der Einstellmechanismen am Windrand einen umlaufenden Balkon (Galerie) hat. Im Gegensatz dazu gibt es die Erdholländer, die vom Boden aus zu bedienen sind. An der Bille gibt es dafür heute kein Beispiel mehr. Im Kreis Herzogtum Lauenburg, hinter Mölln im Ort Kogel Sterley findet man ein erhaltenes Exemplar.

Zurück zur Bille-Region und zu einem weiteren schönen Exemplar eines Galerieholländers: Die Pirschmühle in Hamfelde/Lauenburg. Darüber hatte ich schon berichtet [> S. 66].

Zu erwähnen ist hier auch die Glinder Kupfermühle. Schließlich ist die Glinder Au einer der Hauptwasser-Spender für meine Bille. Auf der Internetseite des Heimat- und Bürgervereins Glinde erfahre ich unter anderem, dass die Mühle im 13. Jahrhundert wohl den Nonnen des Klosters Hoibek (Zisterzienserinnen) gehörte. Diese alte Wassermühle hat in ihrer langen Geschichte als Kornmühle, Fellmühle, Kupfermühle, Färbeholzmühle und zuletzt wieder als Kornmühle gedient. Heute ist darin das örtliche Heimatmuseum untergebracht (geöffnet sonnabends und sonntags von 14 bis 18 Uhr) und sie dient als Stätte für diverse Kultur-Ereignisse.

Der jetzige Mühlentyp in Schönningstedt ist ein Galerieholländer. Sie

Quellen: Info-Schrift des Heimat- und Bürgervereins Glinde, www.hbv-glinde.de

wurde 1996 aus dem Ort Wagersrott in Angeln hierher umgesetzt. Die vorherige, alte Holländermühle ist 1968 stillgelegt worden und 1991 ein Opfer der Flammen geworden. Erbaut wurde sie 1886 und war als Getreidemühle in Betrieb. Später kam zur Mühle eine Bäckerei hinzu. Die alte Mühle war oft Ziel ausgedehnter Spaziergänge vom Krabbenkamp aus. Das Wappen der eigenständigen Gemeinde Schönningstedt zeigte die alte Mühle. 1974 wurde Schönningstedt ein Ortsteil von Reinbek. Heute beherbergt die neue Mühle das Restaurant „Zur Mühle“. Die Bewohner des ‚Bismarck Seniorenstifts‘ blicken direkt auf die in einem sehr guten Zustand befindliche Mühle.

Vom Senioren-Stift Bismarck: Immer die Schönningstedter Mühle im Blick.

Quellen: www.wikipedia.org, Ortsgeschichtliches Museum Reinbek e.V.

Die Drahtmühle in der Gemeinde Grönwohld.

Der Ort Grönwohld (bekannte Kulisse für die NDR-TV-Serie „Neues aus Büttenwarder") trägt heute in seinem Wappen die Darstellung eines Fachwerkhauses. Ich meine, dieses als Abbild der Drahtmühle zu erkennen. Die Drahtmühle wurde im 17. Jahrhundert von der Kaufmannsfamilie Amsinck aus Hamburg erbaut. Hier wurden Feindraht und Kupferplatten produziert. Daher der Name ‚Drahtmühle'. 1817 wechselte die Mühle den Besitzer, der dann eine Papiermühle daraus machte. Den ursprünglichen Namen hat sie behalten. Das Gebäude steht seit 1972 unter Denkmalschutz und dient heute als Atelier.

Das Wasser rauscht hörbar vom Drahtteich durch die Ripsbek an dem Mühlengebäude vorbei. Die Ripsbek vereinigt sich im Mühlbachtal mit dem Trittauer Mühlenbach, der wiederum weiter südlich zur Bille gelangt.

Entlang der Bille und ihrer Zuflüsse hat es in der Vergangenheit noch weitere Wind- und Wassermühlen gegeben. Über alle ist, wie über die ehemaligen Mühlen nach der Aufstauung der Bille (im 13. Jahrhundert) im Verlauf der Alten Holstenstraße in Bergedorf, die Zeit hinweggezogen und hat nur in Geschichtsbüchern Spuren hinterlassen. Allerdings ist in Kirchsteinbek [> S. 356] noch der sehr gut erhaltene Rest einer alten Mühle an der Glinder Au, kurz vor der Bille, zu bewundern.

Quellen: www.wikipedia.com, Hamburger Abendblatt/Stormarnteil ‚Geschichte der Drahtmühle'

Was mir an der Bille blüht

Die Blüten der Moschus-Malve finde ich im Sommer häufig am Feld- oder Wegesrand. Das Jakobs-Greiskraut (Jakobskreuzkraut) blüht mittlerweile sehr weit verbreitet am 25. Juli (um Jakobi). Im Hochsommer wird die Blüte buschig. Alle Teile der auffälligen Pflanze sind giftig. Also nur angucken!! Bei uns wird die Sumpfdotterblume auch ‚Beiblume' oder ‚Botterblöme' genannt. Soll gut gegen Hexen sein*: An Walpurgis (30. April) vor das Tor des Viehstalls streuen ... Ich lasse sie lieber wo sie blüht und finde sie einfach nur schön.

Moschus Malve

Jakobs-Greiskraut

Sumpfdotterblume

* Gelesen bei www.wikipedia.org

Das Billeland lockt schon bei den ersten mäßgwarmen Temperaturen nach draußen.

Die Bille als Namenspate

▶ Da brauchten sich die Gemeindevertreter nicht allzusehr anstrengen, wenn sie einen Namen für Straßen und Wege entlang oder nahe der Bille suchten. Ich habe sie nicht gezählt, geschweige denn, alle gefunden. Die zahlreichen Straßen, in deren Namensgebung die Bille die entscheidende Rolle spielt. Aber es bleibt bei Spaziergängen und Wanderungen nicht aus, dass einem der Name ‚Bille' inklusive der Ergänzungen und Abwandlungen ständig ins Auge springt.

In den Gemeinden Wohltorf und Aumühle hat der Kunstschmied erfreulicherweise auch etwas Geld verdienen können und mit den schön gestalteten Schmiedearbeiten meiner Bille zu berechtigter Aufmerksamkeit verholfen. In vielfältiger Form ist der Bestandteil ‚Bille' entlang dem Flussverlauf zu finden. Hier ein paar Beispiele: In Köthel der Billenhof, in Trittau der Billteich, Billkoppel und Billredder, in Bergedorf die Billwiese und an der unteren Bille das Billufer oder der Billstieg. Auf Hamburger Gebiet sind Stadtteile mit Straßennamen und Bill(e) verbunden. So der Billhorner Deich oder der Billhorner Mühlenweg. Die Billstraße fand ich mindestens zweimal.

Am Billenkamp in Aumühle befindet sich der „Billeweg". Es gibt reichlich seinesgleichen in anderen Orten entlang der Bille.

Billeweg

Billbaum

Billeweg

An der Bille
Klosterberg
Mitteltor

Billeweg

Billetal
Billredder

Billeweg

Billtal
Lindenstraße

Hamburger Stadtteile wie Billwerder, Billstedt, Billbrook wurden mit dem Namensbestandteil ‚Bill' benannt. In Billstedt gibt es die Billstedter Hauptstraße und den Billstedter Bahnstieg. Bei Bergedorf heißt eine schier endlose Straße entlang der Bille gleich doppelt Bill, nämlich Billwerder Billdeich.

Nicht genug, das viele Straßen, Redder oder Wege nach der Bille benannt wurden, Lokalkolorit spiegelt sich auch an diesen Beispielen wider: Das „Bille-Bad" in Bergedorf, „Billebü", der evangelische Kinderspielkreis in Kuddewörde, das „Billtal-Stadion" – der große Sportplatz am Bergedorfer Gehölz, die S-Bahnstation „Billwerder-Moorfleet" und schließlich der „Bille-Wanderweg". Bei meinen vielen Radtouren im ‚Billeland' bleibt mein Blick immer wieder beim Namen ‚Bille' hängen.

Inzwischen glaube ich fast, dass er untrennbar mit mir verbunden ist. Seitdem Familie und Freunde ständig nachfragen „Was macht dein Bille-Buch?", billde ich mir ein, die Bille billdet nicht nur, ich habe sogar inzwischen ein ganz tolles Billd von ihr.

Bevor die Verwirrung komplett wird, hier eine genüssliche Aufklärung: Es gab sogar einmal ein zünftiges Bier aus der Bill-Brauerei (1956 von der Brauerei Holsten aufgekauft). Die Brauerei befand sich am Billeufer in Hamburg-Rothenburgsort. Darauf ein ‚Bill-Bräu-Pils' – Prost! ■

Namensgeber Bille: Der Evangelische Kinderspielkreis in Kuddewörde.

Antiquarisches Poster: Angebot eines holländischen Internet-Auktionshauses*.

* www.liveauctioneers.com (Poster von Ottomar Anton, 1935)

Nehmen Sie bitte Platz!

Spüren Sie die Frühlingsluft in der Nase? Generationen von Duft-Designern haben sich abgemüht, um diese spezielle Note hinzubekommen. Es gibt keine Kopie! Ich finde, die Bille-Frühlingsluft gibt meinen Sinnen ein einmaliges Erlebnis. Setzen Sie sich, verweilen Sie! Wenige Tage zu Beginn des Jahres haben auch Sie die Gelegenheit dazu, es zu erfahren.

Spaziergänger blicken auf die Bille und Wohltorf. Es ist die Zeit der ersten grünen Blätter des Jahres.

Joggen an der Bille

▶ Als ich früher täglich morgens ins Büro musste, sah ich oft neidisch den Joggern hinterher, die genüsslich ihre Runden entlang der Bille oder durch den Sachsenwald liefen. Inzwischen habe ich mehr Zeit und bin mindestens einmal wöchentlich in Feldmark und Wald unterwegs.

Ich fühle mich nach jedem Lauf wie rundum erneuert. Die frische Luft streichelt die Lungenflügel von innen und egal wie lange ich unterwegs bin, es tut einfach gut und macht den Kopf frei.

Ich bin in den vergangenen Jahren sehr viele unterschiedliche Wege entlang der Bille und durch den Sachsenwald gelaufen. Dabei kreuzte ich die Bille über Holzbrücken oder fand an ihrem Ufer kleine Pfade, die ich rauf und runter

lief. Meine Lieblingsstrecke über knapp 6 Kilometer verläuft durch die Feldmark um den Hammelsberg herum bis zu Niemanns Gasthof. Vorbei an Rapsfeldern, Tannenschonungen und alten, hohen Kiefern unter denen die Ameisenhügel immer größer werden. Neben den Fischteichen kreuze ich die Sachsenwaldstraße nach Wohltorf hinüber und gelange im Billetal über die Silker Holzbrücke auf die Lauenburgische Seite. Unter der S-Bahn hindurch vorbei an Kindertagesstätte und Schule tragen mich die Laufschuhe über den ‚Krabbensteg' auf die Stormarner Seite.

Nun wähle ich den weiten Bogen durch das Naturschutzgebiet an der Bille. Dieser Weg ist einfach zu schön. Links die Pferdekoppeln als Trennstreifen zum Wohnareal, rechts der naturbelassene Auenwald aus dem ständig das erfrischende Gezwitscher der fröhlichen Sachsenwald-Vögel ertönt. Ich nehme es alles wahr und bin so froh über diese intakte Natur. Immer in Sichtweite zur Bille laufe ich bis zur anderen Seite, fast bis zur Ellerholdebrücke zwischen Krabbenkamp und Aumühle.

Bei Wohltorf – neben der Bille – habe ich die ersten Schweißtropfen auf der Stirn.

Andere Strecken führen weiter in den Sachsenwald hinein, aber auch an der Bille und der Schwarzen Au entlang. Oder hinauf auf den Kirchberg, einmal rund durch Wohltorf. Neulich bin ich bis zum Schmetterlingsgarten und zurück gejoggt – wunderbar. Sogar bis nach Ohe, rund um den Klingeberg, bin ich schon gelaufen. Joggen an der Bille ist eben Freude und Erholung pur. ■

Die Story von der Waldameise

▶ Meine erste Digitalkamera – im Jahr 2000 – war eine nagelneue „Canon Ixus“ mit 1,3 Millionen Bildpunkten. Ich spazierte im Oktober durch den Billewald hinter Niemanns Gasthof und da entdeckte ich die ersten größeren Ameisenhügel. Flankiert von den Baumstämmen zweier Kiefern wenige Meter vom Weg entfernt befand sich ein stattliches Exemplar der Sorte „Bille-Ameisenhügel“. Jetzt kam die Ixus zu einem ihrer ersten Einsätze. Ich drückte auf den Auslöser und speicherte nach Abschluss des Spaziergangs das Ergebnis für immer und ewig auf Festplatte und Sicherungsmedien.

Die Rote Waldameise wird im Frühjahr unter den Billetannen wieder aktiv.

Im Laufe der Jahre fiel beim Passieren dieser Stelle mein Blick immer wieder auf diesen besonderen Ameisenhügel. Er wurde größer und mächtiger. Weil er etwas abseits des Weges war, blieb er weitgehend unbeschädigt und konnte anwachsen. Gelegentlich machte ich ein Foto und kann hier die Fleißarbeit der Waldameise dokumentieren.

Es handelt sich, wie ich beim ‚Googeln‘ und bei Wikipedia herausfinden konnte, um die Rote Waldameise (Formica rufa). Wie ich aus eigener Anschauung und Beobachtung feststellen konnte, erwacht der Ameisenstaat im Frühjahr wieder zum Leben, wenn die Außentemperaturen konstant über Null, möglichst im zweistelligen Bereich bleiben. Viel Sonne begünstigt die Aktivität der Roten Waldameise.

In der Nähe befinden sich weitere Nesthügel und so kann man von einer Kolonie sprechen. Das bevorzugte ‚Baumaterial‘ sind Fichtennadeln, aber auch kleinste Ästchen, Zweige sowie Blätter. Auf den umliegenden sandigen Wegen bilden die kleinen rotbraunen Gesellen regelrecht ‚Marschkolonnen', um in gemeinsamer Anstrengung Futter und Material zu finden. Im Sommer werde ich mit meinem Enkel Frederik zu den Waldameisen gehen und ihm deren Dasein erklären.

Inzwischen sind 15 Jahre vergangen. Es wird für mich eine nicht endende Geschichte bleiben. Und wenn ich eines Tages meinen letzten Spaziergang zu den Ameisen mache, werde ich mit Wehmut an den Anfang zurückdenken. ■

Über zehn Jahre liegen zwischen diesen beiden Aufnahmen. Die fleißigen Ameisen legen noch heute weitere Nadeln oben drauf.

Über acht Brücken muss ich fahr'n

▶ Zwischen Aumühle am Sachsenwald und der S-Bahnstation Berliner Tor in Hamburg wird die Bille acht Mal von der Fernbahn und der S-Bahn überquert. Ich bin im Laufe der vielen Jahre irgendwann einmal darauf gekommen die Brücken zu zählen und zu benennen, über die Waggons der S-Bahnlinie S21 von und nach Hamburg hinüber rollen. Wahrscheinlich haben sich die wenigsten Berufspendler und Fahrgäste jemals Gedanken darüber gemacht. Für mich eine interessante ‚Nebensächlichkeit'.

Los geht es in Aumühle. Der Zug verlässt die Bahnstation und nach wenigen hundert Metern überquert die Bahn die Bille bei der Senioren-Residenz Augustinum. Die alte steinerne Brücke aus dem 19. Jahrhundert ist nach der Wiedervereinigung um die Jahrtausendwende zum 21. Jahrhundert durch eine Stahlbogenbrücke ergänzt worden. Schön blau bemalt erfreut sie Spaziergänger und Wanderer, die von Aumühle nach Reinbek entlang der Bille stiefeln. Ich fahre hier nicht nur per Bahn über die Bille, sondern gehe häufig und gern auch darunter hindurch.

An der Seniorenresidenz „Augustinum" in Aumühle überquert die Bahnbrücke die Bille. Brückenschmuck: In den alten Steinpfeiler ist ein Löwenkopf eingearbeitet.

In den Wintermonaten herrscht häufig Hochwasser an der Bille. Der Spazierweg unter dem Brückenbogen hindurch wird dann unpassierbar. Der Krabbensteg führt nach Wohltorf.

Nach knapp 1,5 Kilometern rollen die Stahlräder der S21 an Reinbek-Krabbenkamp vorbei nach Wohltorf. Unten überquert eine Fußgänger-Holzbrücke, der ‚Krabbensteg', die Bille, um die Kinder vom Krabbenkamp sicher zur Schule am Alten Knick gelangen zu lassen. Oben donnern die superschnellen ICE-Züge von und nach Berlin – aber auch ‚meine' S21 rollt über die handgemauerte Bogenbrücke. Kurz danach hält mein Zug im Bahnhof Wohltorf. Die Bille schlängelt sich von Nord nach Süd und Ost nach West s-förmig von Station zu Station.

Zwischen Wohltorf und Reinbek südlich des Waldes „Vorwerksbusch" wird am Tonteichstieg die nächste ziegelsteinerne Bogenbrücke überfahren. Die Bille macht hier einen südlichen Bogen um den Ziegelkamp zum Mühlenteich.

Nach einem großen Bogen um die Ortschaft Wohltorf erreicht die Bille aus dem Auwald am Vorwerksbusch kommend die Bahnbrücke am Ziegelkamp. Sogar ganz früh im Jahr ein sehenswertes Motiv.

Eng ist es an der Reinbeker S-Bahnbrücke. Die Fußgänger unterqueren dort die Bahnbrücke auf einer Stelzenkonstruktion durch die Bille.

Am Krähenwald teilen sich die Menschen und die Bille den Durchschlupf unter der Bahnbrücke.

Und genau dort, wo hunderte Jahre zurück über ein Wehr das Billewasser mit seiner Kraft der Menschen Mühlen antrieb, entstand während des Baus der Eisenbahnlinie von Hamburg nach Berlin (Mitte des 19. Jahrhunderts) eine weitere Brücke. Diese ist jedoch nach der Wiedervereinigung, wie auch schon die Brücken zuvor, modernisiert und erweitert worden. Sie gehört mit zu dem Bereich des Reinbeker Bahnhofes und lässt nicht nur die Bille unter sich hindurch fließen, auch der Straßenverkehr zwischen Wentorf und Reinbek darf sich hier hindurch mühen. Von der Bahnhofstraße gelangt der Spaziergänger oder Radler auch zum Schloss Reinbek und dem Museum Rade, die sich in Sichtweite befinden.

Nun ist die Bille in ihrem Lauf bis hierher schon von 4 Brücken überspannt worden. Und die Bille wäre nicht die Bille, wenn nicht noch weitere folgen würden. Bis jetzt fuhr ich nur durch schleswig-holsteinisches Gebiet, doch die Stadt Hamburg ist schon in Sicht.

Zwischen dem Krähenwald auf Reinbeker Gebiet und dem Bergedorfer Gehölz dient die Bille als Grenzfluss der Bundesländer Schleswig-Holstein und Hamburg, aber auch als Grenzfluss zwischen den Kreisen Stormarn und dem Herzogtum Lauenburg. Das Bergedorfer Gehölz ist zu einem Teil in Wentorf gelegen und zum anderen Teil in Hamburg-Bergedorf.

Also, Eingangs des Krähenwaldes kommt ‚meine' S-Bahn vom Wentorfer Gelände und fährt gewissermaßen wieder auf Reinbeker Gebiet. Das ist die Brücke Nummer 5. Hier lieben die Hunde das erfrischende Bad in der Bille und auf der Reinbeker Seite geht das Billeufer im Wald von Heidbergen bis zu 44 Meter hoch. Für Radfahrer ein beschwerlicher Weg. Für die S-Bahn, die hier auf einem Niveau von rund 14 Metern in Reinbek auf 9 Meter in Bergedorf hinunter fährt ist das eher problemlos.

Links die flache Brücke hinter den Schrebergärten beim Möörkenweg – dann kurz vor dem Bergedorfer Bahnhof – die 7., vorerst letzte Brücke, am Billebad. Im Hintergrund Neubauten an der Wilhelm-Bergner-Straße.

Am Bergedorfer Möörkenweg, bei den Schrebergärten, geht die nächste Bahn-Brücke flach über die Bille. Vor der Deutschen Wiedervereinigung 1990 gab es von der Chrysander Straße zum Möörkenweg einen beschrankten Bahnübergang. Der ist nach dem Ausbau der Bahnstrecke für Hochgeschwindigkeitszüge nach Berlin ersatzlos gestrichen worden. Übrig blieb die Brücke bei den Schrebergärten unter der man zumindest zu Fuß oder mit dem Rad hindurch zur anderen Seite gelangt.

Und dann überrascht mich wenig später danach die nächste, die 7. Brücke: Zwischen Schillerufer und Chrysander Straße am Billebad düst die Bahn in den Bergedorfer Bahnhof. Die Bille hat hier schon eine ansehnliche Breite und deshalb ist auch die Bahnbrücke recht ordentlich dimensioniert. Hier können Kanus geliehen werden und der Billewanderweg wird von den Bergedorfer Bürgern gern als Naherholungsgebiet genutzt.

Da, wo heute der moderne Bergedorfer Bahnhof steht, floss 600 Jahre zuvor noch ein kleiner Fluss durch mooriges Gelände, die Bille. Aber davon ist heute nichts mehr zu sehen. Durch den breiten Bahndamm ist die Bille im tiefen Erdreich verschwunden, ja regelrecht zugeschüttet worden. Dazu an anderer Stelle mehr.

Die Bille ist breit und mächtig, bevor sie kurz danach, von hier aus hinter dem Betrachter, in die Elbe darf. Vor uns der Stahlbogen der letzten S-Bahnbrücke – rechts die Silos der Betonfirma Lebbin. Gerade hindurch erreicht der Blick die Schule am Bullenhuser Damm.

Die Kampbille bringt richtig viel Wasser vom Bergedorfer Schleusengraben hinüber zur verkümmerten Bille, was ihr deutlich guttut. Hier unterquert die Kampbille den Bahndamm zwischen der Station Bergedorf und Nettelnburg.

Zwischen den Bahnhöfen Bergedorf und Nettelnburg wird ein wichtiger Zufluss der unteren Bille, die „Kampbille", überquert. Hier kann man aber nicht von einer Brücke sprechen. An der Straße „Am Wehrdeich" gibt es einen Tunnel. Dort wird das Gewässer unter dem Bahndamm der zäh fließenden, „lahmen" Bille zugeführt, wo es vor dem Heckkatenweg in den wiederzubelebenden Fluss strömt.

Bis zur letzten S-Bahn-Brücke, die dann die Bille überquert vergeht einige Fahrzeit in der Linie S21. Nach dem Bahnhof Rothenburgsort zieht die S-Bahn im weiten Bogen nordwärts. Bei dem Betonwerk Lebbin, welches wirklich nicht zu übersehen ist, rollt die S-Bahn über die achte Brücke von Aumühle aus in Richtung Berliner Tor. Von hier aus erreiche ich anschließend die Innenstadt.

Wenn auch eher ein bisschen zufällig, so dennoch ziemlich interessant. Damit existiert ein Bezug zur Bille sogar bei der Benutzung der öffentlichen Verkehrsmittel. ■

380 kV hoch über der Bille

Vom abgeschalteten Kernkraftwerk Krümmel bei Geesthacht zum Umspannwerk in Hamburg-Ost verläuft eine markante, weithin sichtbare Hochspannungsleitung. Der 60 m hohe Mast spiegelt sich im Billewasser. Die Leitung überspannt das Bergedorfer Gehölz bis zum Krähenwald in Reinbek.

Hallo Hamburg, hier bin ich!

▶ Bei der klobigen, aus kräftigen Holzbalken gebauten ‚Pionierbrücke' wird die Bille zur gemeinsamen Grenze zwischen Schleswig-Holstein und Hamburg. Über die Holzbrücke kommt der Wanderweg von Reinbek/Wentorf. Bis an den Möörkenweg heran verbleibt ein gutes Stück Weg, dort steht auf der Hamburger Seite der Bille das Wasserwerk Bergedorf. Das rot geklinkerte auffällige Gebäude wurde 1899 gebaut. Es versorgt heute Teile Bergedorfs sowie Reinbek und Wentorf mit frischem Wasser aus bis zu über 100 m Tiefe. Gut 20 m höher am Bergedorfer Gehölz befindet sich das traditionsreiche Billtalstadion, das mit einem Kunstrasen modernisiert wurde. Eine kurze Strecke Weges weiter haben rechts zum Bahndamm hin, Schrebergärtner einige Parzellen hübsch hergerichtet. Ein Weg zwischen den Gärten für Fußgänger und Radfahrer führt zur Bille und dann unter der flachen Bahnbrücke nach Hamburg. Hier sagt Hamburg zu ‚meiner' Bille: ‚Herzlich Willkommen!'

23 Kilometer verbleiben der Bille von hier, um bis zur Elbe zu fließen. Bis dahin sind meinerseits aber noch einige Begebenheiten und Sehenswürdigkeiten zu beschreiben. ■

Mit dem Rad oder zu Fuß der kürzeste Weg von Reinbek nach Bergedorf: Über die Pionierbrücke.

Quelle: www.wikipedia.org

Wasserwerk Bergedorf: 7000 Tonnen Wasser werden täglich aus fünf Brunnen heraufbefördert.

Unter der flachen Bahnbrücke am Möörkenweg hindurch fließt die Bille nach Hamburg.

Bergedorfer Schloss

Graf Albrecht von Orlamünde baute hier Anfang des 13. Jahrhunderts im aufgestauten Wasser der Bille eine Wasserburg. Die Burganlage ging 1420 in die Doppelherrschaft der Städte Lübeck und Hamburg über. Nach knapp 450 Jahren kaufte Hamburg den Lübecker Anteil. Es wurde immer wieder ergänzt, aus- oder umgebaut. Schließlich wurden die Befestigungsanlagen zu einem Landschaftsgarten umgestaltet. Der Schlosspark grenzt an die Bille.

Quelle: www.wikipedia.org/wiki/Schloss_Bergedorf

Am Schloss steht eine Bronze-Büste von Kaiser Wilhelm I.

Hamburgs Schloss an der Bille

▶ Die Bille kann sich rühmen, zwei Schlösser an seinen Gestaden zu haben. Das Reinbeker Schloss und das Bergedorfer Schloss. Die Alster ist da schwer im Nachteil. Das Bergedorfer Schloss beherbergt das Museum für Bergedorf und die Vierlande.

Und ich kann an dieser Stelle nur jedem empfehlen, unbedingt dieses Museum zu besuchen. Bevor ich auf den folgenden Seiten näher auf die Beziehung der Bille zu Bergedorf ein gehe – natürlich wieder aus meiner ziemlich persönlichen Sicht – sei hier eine Lanze für diesen liebenswerten Hamburger Stadtbezirk gebrochen. Bergedorf bietet alles. Neben dem lebhaften Zentrum um Bahnhof, Alte Holstenstraße und Sachsentor sind schöne Villenviertel, die Parks und das Bergedorfer Gehölz zu erwähnen. Der Sitz der Bezirksverwaltung für die Vierlande, Lohbrügge, Boberg, Nettelnburg und Bergedorf West be-

findet sich im Rathaus. Hier habe ich 1980 geheiratet. Auch wenn es mich später mit der Familie Bille aufwärts verschlagen hat, so bleibt Bergedorf bis heute eine gern besuchte und genutzte Adresse.

Und dann spaziere ich allzu gerne durch den Schlosspark, mit dem Enkel zum Spielplatz, zum Eisessen bei Ciprian auf den Bergedorfer Markt oder am Schillerufer entlang zum Billebad und weiter zu den schmucken Häusern der Gründerzeit an der Chrysander Straße. ■

Die herrliche Backsteingotik des Schlosses mit ihren Stufengiebeln wird vom prächtigen Eckturm am Nordflügel ‚abgerundet'.

Ein Kleinod im Herzen Bergedorfs hinter dem Schlossteich, der vom Billewasser gespeist wird: Die Kirche St. Petri und Pauli.

Fachwerkkirche St. Petri und Pauli

▶ Auf einer alten Darstellung des Kartographen Hans Freese von 1593 steht die Kirche umschlungen von den Armen der Bille neben dem Schloss. Sie bildete den kirchlichen Mittelpunkt vieler Gemeinden hier am Geesthang und in den Marschlanden. Möglicherweise existierte sie schon vor der ersten Erwähnung an der heutigen Stelle der St. Petri und Pauli Gemeinde im Jahr 1162. Sie gehörte zum Bistum Ratzeburg. Vermutlich wegen schwerer Brandschäden wurde diese erste (Petri-)Kirche im Jahr 1499 abgerissen und wenig später mit einem Neubau begonnen. Am 29. Juni 1502, dem Tag der Apostel Petrus und Paulus, wurde die neu erbaute Kirche St. Petri und Pauli geweiht.

Der einschiffige Backstein-Fachwerkbau mit fünfseitigem Chorschluss wurde 1589 bis 1591 nach Westen hin verlängert. Zu dieser Zeit steht der Turm noch südwestlich neben der Kirche. Der Querbau mit dem heutigen Haupteingang, Brauthaus genannt, stammt aus der Zeit zwischen 1660 und 1670.

1759 wurde von E. G. Sonnin, dem Erbauer der Hamburger Michaeliskirche, ein neuer Turm auf den westlichen Anbau gesetzt und durch einen weiteren Anbau an der Südseite verstärkt. Die nur von außen zugänglichen Logen an der nördlichen Längswand kamen erst im 18. Jahrhundert hinzu.

Ich gehe hinein in die altehrwürdige Kirche und bestaune die vielen Holzarbeiten, die hölzernen Kirchenbänke und natürlich den schönen, von Christian Precht gestalteten Altar. Ich wende mich dem Andachtraum zu und entdecke die Orgel hinter den Emporen, auf deren Geländer wunderschöne Gemälde angebracht sind. Wer nach einem Einkauf im Sachsentor noch ein paar Minuten Zeit hat, sollte sich diese Eindrücke gönnen. ■

Schlosslöwe

▶ Der steinerne Löwe am Schloss in einer Aufnahme von 2003. Er soll an den Braunschweiger Herzog Heinrich den Löwen erinnern, unter dessen Herrschaft Bergedorf, als Ortschaft in der Sachsenmark am Rande der Salzstraße, seine erste Blütezeit erlebte. Diese Skulptur gab auch der Löwen-Apotheke, Hinterm Graben 31, ihren Namen. ■

Quellen: www.wikipedia.org,
www.periarndt.de/bergedorf/schloss-bergedorf/

Das ‚Bergedorfer Stadtfest‘, hier an der Alten Holstenstraße und dem Sachsentor.

Vergnügen am Schloss

Das jährliche ‚Bergedorfer Stadtfest' lockt die Besucher aus der gesamten Region an. Die Kinder haben ihren Spaß in den durchsichtigen Kugelblasen, die auf dem Schlossteich schwimmen. Dank des aufgestauten Billewassers ein herrliches Vergnügen.

Hingucker: Es scheint als entstiege die moderne Architektur dem Wasser der Bille.

Schwimmspaß im Billebad

▶ Mit seinen vier Jahren ist mein Enkel Frederik schon eine richtige ‚Wasserratte'. Und am liebsten geht er natürlich mit Opa schwimmen. Da hat sich das Billebad in Bergedorf als echter Favorit etabliert.

Gegenüber, vom Schillerufer aus, habe ich bei meinen Bergedorf-Ausflügen 2005 den Fortschritt der Bauarbeiten am neuen Billebad miterleben können. Das gesamte Ensemble mit den Wohnblocks zwischen Bahnhof und Bille gefällt mir sehr gut. Unterhalb im Billebogen hat man die Möglichkeit beim ‚Bootshaus Bergedorf' Kanus zu mieten. Daneben im ‚Locanda Riva' locken Erfrischungen und italienische Spezialitäten die Gäste auf die gemütliche Terrasse am Wasser. ■

Azurblauer, italienischer Himmel am Billeufer beim Billebad.

Viel los in der Fußgängerzone Sachsentor, hier bei der Bäckerei Erdmann.

Alte Holstenstraße und Sachsentor

▶ Ich kann mich erinnern, dass ich als Jugendlicher in den 1950er- und 60er-Jahren mit den Eltern im Bus nach Berlin auf der alten B5-Reiseroute mitten durch Bergedorf hindurch fuhr. Von Hamburg kommend durch die Lohbrügger Landstraße, die Alte Holstenstraße und das Sachsentor über den Mohnhof zur Holtenklinker Straße. Heute ist die Alte Holstenstraße teils, das Sachsentor gänzlich Fußgängerzone. Kurz vor dem Ende der Alten Holstenstraße bei der Kirche St. Petri und Pauli bildet die Bille einen Stauteich, um durch das Wehr in den Serrahn abzufließen.

Diese langgestreckte Fußgängerzone mit ihren vielen Geschäften entfaltet eine enorme Anziehungskraft auf ‚shoppingwillige' Konsumenten aus den Vier- und Marschlanden sowie aus den nördlich angrenzenden Bille- und Sachsenwaldgemeinden im Kreis Stormarn und dem Herzogtum Lauenburg. Da nehme ich mich nicht aus, denn in etlichen Fachgeschäften wird mir geboten, was ich brauche. Zum jährlichen Stadtfest und zum Weihnachtsmarkt bricht die Familie immer gerne auf. Dort treffe ich dann unsere Bergedorfer Verwandtschaft, mit denen ich beim Klönschnack genüsslich Weihnachtsgebäck verzehre oder einen heißen Weihnachtspunsch schlürfe. ■

Operation Bahn und Bille

▶ Den größten Eingriff und die stärksten Veränderungen erfuhr die Bille in einem Bereich von Bergedorf bis zum Sachsenwald in den Jahren 1842 bis 1846. Anlass war der Bau der Bahnlinie von Hamburg nach Berlin. Noch heute sind die Spuren und Auswirkungen bei genauer Betrachtung und etwas Phantasie sichtbar. Ich will mich auf die Suche nach diesen Spuren machen. Dazu recherchiere ich erstmal, warum diese Bahnlinie überhaupt so wichtig war und weshalb sie hier bei uns, direkt durchs Billetal und den Sachsenwald, führen musste.

1835 fuhr die erste Dampflok von Nürnberg nach Fürth. Der „Adler" läutete ein neues Zeitalter der Mobilität ein. In Windeseile beschlossen in ganz Deutschland zukunftsgläubige private Unternehmer und Interessenten Bahnlinien einzurichten. Hier bei uns im Norden gab es im ersten Drittel des 19. Jahrhunderts zügig Pläne zum Bau von Eisenbahnverbindungen. Wie ich aus dem Beitrag „Der Bergedorfer Bahnhof von 1842" von Gerd Hoffmann*, entnehmen kann, verwarf man anfangs eine Bahnverbindung nach Lübeck. Dafür wurde eine Bahnlinie nach Bergedorf favorisiert. Sie sollte südlich der Bille durchs ‚Billwärder** Marschland' und dem tiefliegenden Hammerbrook führen. Eines der Argumente war, den Hamburgern die Möglichkeit eines Ausflugs ins Bergedorfer Gehölz anzudienen. Aber auch wirtschaftliche Aspekte wurden herangezogen.

Kurzum, 1842 wurde die Strecke in Betrieb genommen. Vom Hamburger Stadtbahnhof ging's über gut 16 Kilometer in einer knappen halben Stunde zum Bergedorfer Kassen- und Wärterhäuschen (Bahnhof). Allerdings fiel die große Eröffnungsparty ins Wasser, weil tags zuvor in Hamburg der ‚Große Brand' ausgebrochen war, der jegliche Feierlichkeiten ausschloss. Stattdessen wurden mit der Bahn die Hilfskräfte herangeholt und Flüchtlinge aus der Stadt evakuiert.

Bergedorf: Das historische Kassen- und Wärterhäuschen von 1842.

* Gefunden bei www.bergedorfer-buergerverein.de, ** alte Schreibweise

Die S- und Fernbahnbrücke beim Bergedorfer Bahnhof.

Schon kurze Zeit später einigte sich der dänische König mit den Städten Hamburg und Lübeck über eine Streckenführung nach Berlin, die zügig gebaut wurde. Ursprünglich dachte man an eine Weiterführung über Geesthacht, Lauenburg nach Boizenburg. Doch der dänische König, Christian VIII., bestand auf einer nördlicheren Strecke Richtung Büchen. In Bergedorf wurden die Gleise verschwenkt und ein neuer Bahnhof gebaut. Von dort ging's bis Aumühle durchs Billetal und dann durch den Sachsenwald.

Das war eine schwere Zeit für meine Bille. Ich denke, in diesem Bereich haben die Bille mit ihren natürlichen Uferzonen am meisten gelitten. Sumpfige Auenbereiche mussten entwässert, mitten hindurch ein Bahndamm aufgeschüttet und viele Brücken gebaut werden. Es gab Stellen, wo das ursprüngliche Flussbett ‚verlegt' werden musste, zum Beispiel am Billenkamp [> S. 300] in Aumühle.

Die größte und folgenreichste Veränderung für die Bille war der Bau des Bergedorfer Bahnhofs. Genau hier verlief die uralte Bille bis zum Bau des Schleusengrabens (1445) [> S. 316]. Sie war durch einen Wall (heute Verlauf Alte Holstenstraße) aufgestaut und wegen zu wenig Wassers nicht mehr schiffbar. Deshalb fiel es den Baumeistern des 19. Jahrhunderts nicht schwer, mit ein paar abseitigen Gräben unter Straßen hindurch, das wenige Wasser zum alten Billelauf am Geesthang weiterzuleiten. Darüber entstand ein gewaltiges Bauwerk, der Bahnhof.

Im weiteren Verlauf der nächsten Kilometer Bahngleis bis in den Sachsenwald hinein waren sieben Brückenbauten nötig, es wurden Hügel eingeschnitten und der Bahndamm musste aufgeschüttet werden. Meist wurde Erdreich, Kies und Sand aus nahegelegenem Untergrund entnommen und aufgehäuft. Somit war das erforderliche Höhenniveau fast gleichbleibend.

Die Brücke nahe der Senioren-Residenz „Augustinum" wurde errichtet. Damit war zwischen der Blockstelle Silk und dem zukünftigen Bahnhof Aumühle die Verbindung komplett. Relativ schnell wurden diverse Teilstrecken nach Berlin fertiggestellt. Und 11 Jahre nach der ersten Dampfzugfahrt von Nürnberg nach Fürth, fast auf den Tag genau am 15. Dezember 1846, befuhr ein Zug der ‚Berlin-Hamburger Eisenbahn-Gesellschaft' die zu der Zeit längste Fernbahnstrecke.

Im Wesentlichen besteht die Strecke heute noch wie damals. Sie wurde mehrmals ergänzt (elektrische S-Bahn), ausgebaut und modernisiert. Besonders nach der Wiedervereinigung im Jahre 1990 wurde diese wichtige West-Ost-Verbindung über Berlin Richtung Osteuropa als Schnellfahrtstrecke hergerichtet. Die neuen ICE-Hochgeschwindigkeitszüge der Bahn erforderten neue Gleise und die S-Bahn sollte nun bald separat auf eigenen Gleisen nach Hamburg fahren. Die Bautätigkeiten für die S-Bahn machten mir klar, wie es unter technisch schwierigeren Bedingungen wohl 160 Jahre vorher hier zugegangen sein muss. Stetige Modernisierung ist wichtig: Waren es 1846 noch 9 Stunden Fahrtzeit für die Strecke Hamburg–Berlin, so brauchen die modernen ICE-Züge heute nur noch 90 Minuten. Der Güterverkehr zwischen dem Welthafen Hamburg und unseren östlichen europäischen Nachbarn führt zu einem großen Teil über die Gleise durch das Billetal.

Während der Internationalen Verkehrsausstellung in Hamburg Anfang Juni 1988 fuhr eine traditionelle Dampflok (Lok 41360, ölbefeuert) mit Personenwaggons, von Hamburg über Büchen nach Lüneburg am Krabbenkamp vorbei.

Mit durchschnittlich 160 km/h jagt der ICE heute in gut eineinhalb Stunden nach Berlin.

Die Bille weicht der Bahn

▶ Im „Krabbenkamp-Stadtpark“, direkt am Damm der Bahnstrecke Hamburg-Berlin sieht man drei längliche Teiche. Hübsch, am Ufer mit Schilf und Reetgras bewachsen, reichlich Entenflott bedeckt die Oberfläche. Der Grasfrosch quakt im flachen Uferstreifen, Stockenten brüten hier im Frühjahr. Diese Teiche sind übrig geblieben von der ehemaligen Bille.

Im vorvorigen Jahrhundert nämlich wurde unter großen Anstrengungen die Bahnlinie von Hamburg nach Berlin gebaut. An dieser Stelle „störte“ die Bille. Mein Lieblingsfluss wurde damals einfach verlegt. Am Schluss (Bahnstrecke fertig) floss der Sachsenwaldfluss 100 Meter weiter südlich.

Dies ist ein Beispiel, bei dem der Lauf der Bille von Menschenhand verändert wurde. Es lag nahe, dass über den hin und her schlängelnden Fluss nicht drei Brücken gebaut werden mussten. Kostengünstiger war es eben nur eine Brücke zu errichten. Dazu wurde südlich des geplanten Dammes auf rund 200 m ein neues Flussbett ausgehoben. So konnte der Damm vom Krabbenkamp bis Aumühle aufgeschüttet werden. Beim heutigen Seniorenwohnsitz Augustinum strömt die Bille über eine kleine Schwelle auf die Südseite des Bahndammes und nach einem kleinen Knick schnurgerade an ihm entlang.

Rechts und links des Bahndammes verlaufen schöne Wege und die Natur hat sich einen großen Flächenteil zurückgeholt. Vor ein paar Tagen ästen hier 5 Rehe und ließen sich von der vorbeihuschenden Bahn nicht stören. ■

Links der Bahndamm, davor ein Teich. Vielleicht ein Rest der alten Bille.

Was mir an der Bille blüht

▶ Diese Exemplare sind mir mitten im Sommer am Bille-Wanderweg begegnet. Links der ‚Blutweiderich' bevorzugt tatsächlich feuchte Uferbereiche, während die ‚Schwarze* Königskerze' es trockener am lichten Waldrand mag. Beider traubenartiger Blütenstand ist schon ziemlich auffällig.

* Obwohl sie so schön gelb blüht ist das ihr volkstümlicher Name.

Rundgeschliffen vom Transport auf einem Eiszeitgletscher, der ‚Riesen-Tisch' bei Schönningstedt.

Zur kleinen Wasserscheide

▶ 3 Grad über Null. Gleißende Sonne vom Himmel. Radtour- und Fotowetter. Geplantes Ziel: Abstecher zum südlich des Glinder Golfplatzes entspringenden Zulaufs der Glinder Au. Auf dem Weg dorthin stoppe ich abrupt am „Riesen-Tisch". Hier an der Kreuzung Sachsenwaldstraße/Königstraße in Schönningstedt findet normalerweise die Ampel mehr Beachtung als dieser dicke Findling aus der Saale-Eiszeit. Der Gast aus Schwedens Granitfelsen wird wohl den Rest seines Daseins bei uns verbringen. Dank der Beschreibung auf der Tafel weiß ich jetzt, dass er u.a. aus Feldspat und Quarz besteht und dass man sich vorstellen könnte, Riesen schauten von hier aus über das Billetal.

So etwas findet mein Gefallen. Große Erdgeschichte locker vermittelt. Mit einem Lächeln auf dem Gesicht radele ich nun quer durchs Reinbek-Glinder Gewerbegebiet. Vorbei am Karolinenhof in den Waldweg des Forstes Großkoppel. Ich befinde mich noch im Kreis Stormarn und die frühe Jahreszeit erlaubt den ungehinderten Blick auf den wasserführenden Graben, der nach Norden zum Golfplatz führt. Dort wird das Wasser aus dem Gelände der Glinder Au [> S. 354] zugute kommen. Ich lenke am Wald entlang auf Hamburger Gebiet zu den Kleingärten 613 im Zipfel Lohbrügge.

Mitten darin entdecke ich den Teich, von dem aus der vorher beschriebene Graben sein Wasser abholt. Um das frühjahrskahle Gewässer herum entstand 1967 der Kleingartenverein Gartenpark Buschkoppel e.V. Ich habe bei meinen Touren rund um die Bille viele Kleingärten kennengelernt und glaube, die Menschen, deren Leidenschaft es ist, ihre Freizeit in solch schön angelegten blühenden Refugien zu verbringen, müssen zufrieden und glücklich sein.

Ich fahre weiter zur Hamburger Straße, auf Reinbeker Gebiet und stelle mit Erstaunen fest, dass zwischen dem Teich von vorhin und dem Forstbach, der beim Karolinenhof entspringt rund 1000 m Luftlinie liegen. Großer Unterschied: der Forstbach strebt schnurstracks nach Süden zum Billebogen an der Chrysander Straße.

Die weithin sichtbaren Wohntürme am Lohbrügger ‚Grünen Zentrum'.

Lohbrügges Bornmühlenbach

▶ Lohbrügge ist der gesamte Stadtbereich nordwestlich der Bahnlinie durch Bergedorf. Bis 1937 preußisch, dann Hamburg zugeschlagen gehören heute Boberg (einschließlich Naturschutzgebiet), Sande und das neue nordöstliche Lohbrügger Wohngebiet am Binnenfeldredder dazu. Ich lese, dass inzwischen fast 40.000 Bürger hier leben. Mein Blick richtet sich allerdings auf das zentrale Gewässer des Stadtteils, den Bornmühlenbach und seine hübsch angelegten Teiche. Der Bach beginnt am Reinbeker Redder und durchfließt den Grünstreifen Richtung ‚Grünes Zentrum'. Rein in den Ziegelteich und ein paar Meter weiter wieder hinaus.

Über große Steine fließt der Bornmühlenbach in den Ziegelteich.

Durch drei Rückhaltebecken zieht der Bach jetzt nach Süden, wo die Bornbek dazu kommt und parallel zur Leuschnerstraße unter der Habermannstraße in die Billeniederung fließt. Wenige Schritte östlich schwappt der Forstgraben von Glinde/Reinbek kommend auf Lohbrügger Gebiet in die Bille. ■

Der „Sander Dickkopp"

Hamburg hat sehr viele Wassertürme. Aber nur einer schaut von luftiger Höhe hinunter auf die Bille. Auf der 38 Meter hohen Erhebung der ‚Sander Tannen' steht der ehemalige Wasserturm, in dessen unteren Räumen heute eine Kneipe zum Besuch einlädt. Sie trägt den Namen „Sander Dickkopp". Bis 1972 versorgte der Wasserturm den Bergedorfer Stadtteil Lohbrügge mit Wasser. Seit 1996 steht er unter Denkmalschutz. Gebaut 1907 aus rotem Backstein mit einem burgturmähnlichen breit ausladenden Turmkopf. Eine mit Zinnen bekränzte Brüstung schließt den Turm ab. Seit den 1990er-Jahren fanden verschiedene Sanierungsarbeiten statt.

Nebenan, 100 Meter weiter westlich, ragt ein schlanker, weißer Fernmeldeturm in den Lohbrügger Himmel. Mit seiner Gesamthöhe von 138,5 Metern ist er weit im Land sichtbar. Für den Billewanderer, der aus dem Boberger Naturschutzgebiet kommt, eine gute Orientierung.

Beliebter Treffpunkt in den ‚Sander Tannen', die Kneipe im Wasserturm.

Blick vom Rückhaltebecken am Ladenbeker Weg, durch das die Bille fließt, zum Fernmeldeturm.

Quelle: www.wikipedia.org

Was da an der Bille flattert

▶ Zitronenfalter sind meist die Ersten im Jahreslauf. Danach tauchen nach und nach alle anderen auf: Der Kohlweißling, des Große Ochsenauge und die ganze Flatterschar. Dann aber schwingt sich das Tagpfauenauge heran, im Zickzack-Kurs über Wiesen und Felder. Das Falterleben am Billerand nimmt zu. Später folgen der Kleine Fuchs und der Braunfleckige Perlmuttfalter. Sie, liebe Leser, sollten beim nächsten Sommer-Bille-Spaziergang mal auf die Falterchen achten. Sie werden sie finden, das garantiere ich Ihnen. ■

Tagpfauenauge

Kleiner Fuchs

Braunfleckiger Perlmuttfalter

Vom Möbelpark zur Waldorfschule

▶ Weit hinten aus der Wentorfer Lohe kommt die Schulenbrooksbek. Nun begegnet mir der Begriff ‚Brook' in dieser Gegend in vielfältigen Wortkombinationen. Es bleibt nicht aus, zu erfahren, was sich dahinter verbirgt. Im Niederdeutschen wird damit ein Bruchwald bezeichnet. Also, in einer Zeit, als die Quellbäche und Zuflüsse noch in freier Landschaft dahinplätscherten gab es etliche dieser Bereiche, die von den Siedlern dann einfach ‚Brook' genannt wurden.

Die Schulenbrooksbek taucht hinter dem Möbelpark in Wentorf auf und schlängelt sich am Bergedorfer Friedhof auf Hamburger Gebiet. Von da an kann ich sie auf Parkwegen mit dem Fahrrad begleiten. Am Brookweg entlang zur August-Bebel-Straße rüber. Dort gegenüber der Sternwarte Bergedorf knickt sie westwärts durch Schrebergärten zur Ernst-Henning-Straße. Hinter dem Bergedorfer Rathaus durchquert sie einen kleinen Park, umfließt eine Kindertagesstätte und zwängt sich eingemauert am Brink (Foto) unter die Holtenklinker Straße. Der Schulhof der Waldorfschule bedeckt die Röhre, durch die nun die Schulenbrooksbek zur Brookwetterung strömt.

Rückblick: Zu Beginn des 2. Jahrtausends ergoss sich dieses Gewässer aus dem Brook kommend wahrscheinlich noch frei in das sumpfige, moorige Delta der Bergedorfer Bille. ■

Sterne gucken am Billetal

▶ Vom Bergedorfer Gehölz an der Bille zieht sich der Geest-Höhenrücken hinüber zum ‚Gojenberg'. Nur unterbrochen vom Taleinschnitt der Schulenbrooksbek. Auf dem Gojenberg findet man die berühmte Hamburger (Bergedorfer) Sternwarte in einem weitläufigen Parkgelände. Es reicht von der August-Bebel-Straße bis zur Geestkante an der Schorrhöhe. Von dort hat man beim Hauptgebäude einen weiten Blick in die Vierländer Marsch hinein.

Sonnabends und sonntags ist das Gelände kostenlos von 10–18 Uhr geöffnet. 1912 wurde die Sternwarte in Bergedorf nach dem Umzug vom Holstenwall ihrer Bestimmung übergeben. Allein schon der Besuch in dem Park mit den neugotischen, denkmalgeschützten Kuppelbauten ist sehr interessant. Vor allem wird auf vielen Stelltafeln die Funktion der astronomischen Anlagen erklärt. Wer mehr möchte, kann sich Geländeführungen (1 Erw./2 Erw. mit Kindern 12/22 €) anschließen, oder Angebote wie Sternbeobachtungen, Vortragsreihen, Veranstaltungen oder Kulturabende gönnen. Im Gebäude des ‚1-Meter-Spiegels' bietet sich für eine Pause das Café ‚Raum und Zeit' an.

Für unterschiedliche Aufgaben gibt es 7 Anlagen: Den Großen Refraktor*, das 1-m-Spiegelteleskop, das Lippert-Teleskop, das Äquatorial, den Zonenastrograph, das Oskar-Lüning-Teleskop und den Salvador-Spiegel. Es lohnt sich, einfach mal einen Besuch einzuplanen. ■

Einkehr im Café ‚Raum und Zeit'.

Quellen: www.de.wikipedia.org/wiki/Hamburger_Sternwarte, www.sternwarte-hh.de
* Refraktor = Fernrohr oder Linsenfernrohr

Das ‚Äquatorial', ein Linsenteleskop, stammt noch aus der alten Sternwarte am Hamburger Millerntor/ Holstenwall. Es kam mit dem Umzug 1909 hierher in dieses Gebäude nach Bergedorf.

Mit der Brookwetterung zur Bille

▶ Um herauszufinden, warum und wie die Brookwetterung zur Bille fließt, bin ich aufs Fahrrad gestiegen und habe versucht, dem Verlauf des Entwässerungsgrabens zu folgen. Bei Wikipedia steht, dass die Gräben – die den Begriff Wetter oder Wetterung im Namen tragen, der aus dem Niederdeutschen kommt – meist künstlich angelegt sind, um das Marschland zu entwässern. Heute hat die Brookwetterung diese Funktion. Leider manchmal sichtbar als Abwassergraben. Beim Blick auf die Karte der Vierlande sieht es so aus, als hätte die Elbe in grauer Vorzeit – die Elbe floss noch als mächtiges Wasser zum Meer – das Urstromtal mit mehreren Flussarmen die heutigen Marschen durchquert. Von Südost nach Nordwest. Knapp vor der Geestkante befand sich der kleinste Durchfluss, die heutige Brookwetterung. Dove Elbe und Gose Elbe, Relikte aus der erwähnten Zeit, bestehen zwar noch, allerdings nicht mehr als durchfließender Elbarm.

Wenn ich mir weiter vorstelle, dass dieser kleine Arm entlang der Geestkante, die aus dem nördlichen Moränengebiet herunterfließende Bille aufnahm, um als Elbarm nach Westen zu fließen, dann könnte es wohl so gewesen sein, dass die Zuflüsse Dalbek (von Kröppelshagen) und Schulenbrooksbek (von Börnsen) gemeinsam über die Brookwetterung zur Bille gelangten. Den Schleusengraben gab es damals ja noch nicht.

Für meine weiteren Betrachtungen lasse ich das mal so stehen. Dann wäre es nach heutigem Stand so: Die Brookwetterung beginnt knapp vor Geesthacht in den Borghorster Elbwiesen, verläuft durch das Voßmoor (Escheburg), den Knollgraben, bekommt Wasser vom Bistal und der Dalbek. Danach unterquert die Brookwetterung die Autobahn 25 und verläuft parallel zur Bundesstraße 5 bis nach Bergedorf. Bei der Brookstraße fließt die Schulenbrooksbek, vom Bergedorfer Rathauspark kommend, in die Brookwetterung. Dann vereint sich der Entwässerungsgraben, der hier schon recht breit geworden ist, bald mit dem Schleusengraben. ■

Fußgängerbrücke über die Brookwetterung in die Hassestraße.

Die Straße Pollhof mündet nach der Überquerung der Brookwetterung und der Bahngleise Richtung Geesthacht in die Holtenklinker Straße (B5).

Hafenstadt Bergedorf

Das klingt etwas dick aufgetragen – aber gemach ... Seit dem Bau des Schleusengrabens im 15. Jahrhundert ist die Elbe von Bergedorf aus für Schiffe über die Dove Elbe erreichbar. Damit konnte Holz aus dem Sachsenwald die Bille abwärts und weiter in den Hamburger Hafen geflößt werden. Größere Schuten verschifften Lasten aller Art. Die Bergedorfer Industrie blühte richtig auf.

Der Wasserdurchlass von Bille und Schlossteich zum Serrahn wird am Serrahnwehr reguliert.

Heute ist der Serrahn-Hafen im Herzen Bergedorfs Start- und Endpunkt der Vierlandenfahrten zwischen Bergedorfs Bille und Hamburgs Alster.

Hier am Serrahn-Wehr springt die Bille in den Bergedorfer Hafen. Inzwischen wurde sogar eine Fischtreppe installiert.

Ist der Schleusengraben die Bille?

▶ In der Vorzeit ist meine Bille von ihrer Quelle aus betulich durchs Gelände bis nach Bergedorf geflossen. Sie hat unterwegs sämtliche möglichen Wasserspender aufgenommen. Und nun das! Hier, wo sie abknickt und eigentlich in westlicher Richtung zur Elbe strebte, um in gewohnter Manier schlängend die ‚Hammaburg' zu erreichen – ausgerechnet hier hat sie im Laufe der Jahrhunderte ihre härtesten Veränderungen erfahren. Weshalb? Was ist passiert?

Als ich Geschichtswerke studiere, wird mir vieles klar. Es sieht so aus, als war ein Umstand entscheidend: Die Bille kam von der Geest herunter und floss in der flachen, sumpfigen Gegend dermaßen langsam, dass kaum noch ein Boot fahren konnte. Zu den Sanddünen am Marschrand gesellte sich jetzt noch der mitgeströmte Sand von den höheren Lagen. Kurzum, die schlauen Sachsen kamen auf die Idee, mit einer Klatsche mehrere Fliegen zu fangen: Sie bauten dort anstelle der Furt einen Damm (heutiger Verlauf Alte Holstenstraße/ Sachsentor). So konnte eine dringend benötigte Wassermühle am aufgestauten Gewässer Kraft schöpfen. Die kleine Insel in dem entstandenen Teich wurde zusätzlich aufgeschüttet und eine Burg draufgestellt. Darin saß der Wachposten für die Handelsstraße von Ost nach West. Später wurde die Burg Amtssitz. Um die Burg und das spätere Bergedorfer Schloss wuchs Bergedorf weiter an.

Diese Aufnahme vom ehemaligen Parkhaus am CCB, aus dem Jahre 2004, zeigt ‚volle Action' beim Bergedorfer Hafenfest im Serrahn. Hier beginnt der Schleusengraben als schiffbarer Kanal.

Flankiert von Gebäuden der ehemaligen Stuhlrohrfabrik in Bergedorf (oben) reicht der Schleusengraben bis zur 1929 erbauten Krapphofschleuse (unten).

Aus der Marsch kam nicht nur das Gemüse für die Siedler, auch Entwässerungsgräben, die wiederum die Bille hinter dem Damm weiter mit Wasser versorgten. Aber so richtig schiffbar war sie nicht. Größere Kähne konnten weder Holz noch andere Waren nach Hamburg transportieren. Ein paar hundert Jahre gingen ins Land und die politischen Verhältnisse änderten sich. Jetzt hatten die Lübecker und Hamburger das Sagen. Die Interessenverbände meldeten sich zu Wort, sogar die Kirche. Sie beschlossen gemeinsam einen Kanal zur etwas weiter südlich gelegenen, eingedeichten Dove Elbe zu bauen. Damit sollte eine sichere schiffbare Verbindung hergestellt werden.

Der Schleusengraben war der reinste Segen für den nun boomenden Handel mit Holz, Holzprodukten aller Art, Getreide, Gemüse und auch Bier. Die Bille beim Dorf Sande geriet arg in den Hintergrund. Dort konnte man höchstens wohnen, aber nicht handeln. Rechts und links des Kanals entstand Industrie. Bergedorf war jetzt Hafenstadt! Am Serrahn drängelten sich die Schuten, um von fleißigen Arbeitern be- oder entladen zu werden. Die Chaussee von Hamburg durch Bergedorf nach Mecklenburg wurde befestigt. Die Bevölkerung wuchs unaufhörlich. Bergedorf erhielt Bedeutung als zentraler Amtssitz für die Vier- und Marschlande.

Das ‚Laser Zentrum Nord' am Schleusengraben.

Der Eisenbahnbau im 19. Jahrhundert machte der Bille endgültig den Garaus. Der Damm für den Bahnhof war ein so gewaltiges Bauwerk, dass mein Lieblingsfluss gar nicht mehr wusste wohin. Dank umsichtiger Städteplaner und -bauer ist ein Rest der Bille erhalten geblieben und fließt klein und zart durch den Heckkaten nach Boberg. Außerdem verbindet die Kampbille den Schleusengraben mit der alten, kümmerlichen Bille. Für die meisten Mitmenschen ist der Schleusengraben heute die Bille und fließt damit bei der 1929 erbauten Krapphofschleuse (Kammerschleuse) in die Dove Elbe. Der Bau war nötig, weil die alte (Siel-)Schleuse die Schiffe nur bei Wassergleichstand (Tide) durchlassen konnte.

Quellen: www.wikipedia.org, Literatur: ‚Bergedorf – Altes neu entdeckt' von G. Dahms

Ich wohnte zwei Jahre an der Randersweide. Dort sah ich die im Industriezeitalter entstandenen Fabriken mit hohen Schornsteinen links und rechts des Kanals. Um einige Stichworte zu nennen: Die Stuhlrohrfabrik fertigte Rattanmöbel, nebenan entstand eine Glasfabrik. Gegenüber war die Holzhandlung Behr, bei der ich noch bis 2006 Baumarkt-Produkte kaufen konnte. Verlags- und Druckereigebäude, Busdepots, Werkhallen, Lager, Autohändler, Sanitärhändler, Recyclinghof und vieles mehr beiderseits des Kanals.

Die Bedeutung des Schleusengrabens als Handelsstraße ist erloschen. Denn die neuen Transport- und Logistikanforderungen bedienen sich der Autobahn, der Schiene und erst zuletzt der kleinen Wasserwege wie hier. Beim Stöbern im Internet fand ich eine bemerkswerte Initiative des Bezirksamts von 2005: Dort wurde von Architekturbüros eine Vision entwickelt, die zum Ziel hat, die Flächen am Schleusengraben ganz neu, zukunftsorientiert zu gestalten. Teilweise werden neben modernen Technologie-Unternehmen architektonisch ansehnliche Wohnquartiere gebaut. So wird der (Bille-)Schleusengraben irgendwann als idyllisches, breites Gewässer Sportbootfahrer und Spaziergänger an seinen grünen Ufergefilden willkommen heißen. ■

Der Kran (von 1901) am Serrahn erinnert an die Zeit, als Schuten mit schwereren Lasten beladen werden mussten. Er ist auch Bestandteil des Logos der Bergedorfer Hafenmeile, die jährlich Ende Mai stattfindet.

Quelle: www.bergedorfer-hafenmeile.de/kran.html

Mit dem Schiff die Bille erfahren

Am City-Center in Bergedorf geht die Fahrt los.

▶ Die ‚Bergedorfer Schifffahrtslinie' bietet eine „Bille-Fahrt" an. Dazu buche ich die Tour* auf der ‚Serrahn Lady'. Sie startet beim CCB im Serrahn-Hafen in dem sich das Bille-Wasser vom Schlossgraben übers Wehr strömend angesammelt hat. Abfahrt durch den Schleusengraben zur Krapphofschleuse und weiter auf der Dove-Elbe, durch den Eichbaumsee zur Tatenberger Schleuse. Der Blick streift rechts und links über die saftige Marschenlandschaft. Nach einem kurzen Stück auf der breiten Elbe geht es um die Kaltehofe-Halbinsel herum zur Tiefstack-Schleuse. Weiter durch den Billekanal zur Billhuder Insel. Vom Wasser aus betrachte ich die vielen schmucken Schrebergärten. Weiter im Hochwasser-Bassin mit den modernen Hausbooten und im Mittelkanal zum Anleger S-Bahn Hammerbrook. Hier beende ich die 3-stündige Schiffstour. Bei herrlichem Wetter ein empfehlenswerter Ausflug, auch wenn ich meine Bille nur auf kurzen Wasserstrecken befahren darf. ■

Die Krapphofschleuse vom Wasser aus. Dahinter geht es auf die Dove Elbe.

Fotos: KARIN FISCHBECK

* www.barkassenfahrt.de

Der ‚Graue' von der Kampbille

Als ich an einem sonnigwarmen Märztag 2012 mit dem Rad an der Kampbille unterwegs war begegnete mir kurz hinter der Randersweide in Bergedorf ein Graureiher. Mir war, als wartete er darauf ein Gespräch zu beginnen. Ich, der ‚Grauhaarige', fragte still: „Na, Grauer, heute schon einen Fisch gefangen?" Er nickte kurz und starrte weiter ziemlich regungslos auf die Kampbille.

Wiedergeburt der Bille

Wiedergeburt der ehemaligen alten Bille! Oben an der Kreuzung Sander Damm/Bergedorfer Straße werden Nobelautos einer bayerischen Marke verkauft. Am hinteren Zaun verläuft der Billewanderweg Richtung Hamburg. Und unten an der Betonmauer, sozusagen aus dem Untergrund, beginnt ein Graben, pardon – meine Bille –, durch die Verbannung nach dem Bahnbau ihr altes neues Leben. Zwischen der Rückseite des Hauni-Werks und schmucken Kleingärten wird die Bille ganz langsam immer mehr. Und ich glaube zu erkennen, dass das Wasser sogar fließt.

Rund 500 m vom Serrahn entfernt kommt die Bille wieder zum Vorschein.

Es ist nicht weit bis zur Kampbille. Sie ist nach einigen Hundert Metern die wichtigste Verbindung zum alten Leben. Sie gibt der Bille einen gehörigen Schwung des Wasseranteils zurück, der ihr gebührt. Derart gestärkt nimmt die Bille unter dem Heckkatenweg hindurch Kurs auf das Rückhaltebecken bei der Staatlichen Gewerbeschule. Die Bille wird nun von einem langen Grünstreifen begleitet, der sich beim Ladenbeker Furtweg und dem Billwerder Billdeich Richtung Boberger Niederung fortsetzt.

Die Bille zwängt sich zwischen Hauni-Werk und BMW-Niederlassung hindurch.

Die Kampbille auf dem Weg zum Bahndamm am Wehrdeich.

Dauer-,Infusion' der Kampbille

▶ Die sieche, matte Bille, mehr ein Abwassergraben wird am Leben erhalten durch die Dauer-,Infusion' vom Wasser der Kampbille. Dieses ziemlich sauerstoffarme Wasser wird vom Schleusengraben abgezapft, gelangt durch ein Sperrwerk in wohldosierten Mengen durch Nettelnburg hindurch zur Bille. Die ,Landscheide', später die Kampbille, erhielt ihren Namen vom ,Bergedorfer Kamp'. Das war eine Gemeindeweide, die im Verlauf der Geschichte von reichen Bürgern übernommen worden sein soll. Die heutige Kurt-A.-Körber-Chaussee hieß vor 1998 ,Kampchaussee'. Ab 1869 siedelte sich eine Glasfabrik auf dem Kamp zwischen Weidenbaumsweg und Schleusengraben an. Damit begann vermutlich die Industrialisierung Bergedorfs. ■

Alte Industriegleise (2012) über dem Wehr zum Schleusengraben.

Quellen: www.wikipedia.org und gelesen in ,Bergedorf – Altes neu entdeckt' v. G. Dahms

Die Ladenbek: Jeder Tropfen Wasser ist gut für die Bille.

Renaturierte Ladenbek

▶ Nachdem die Bille wieder ein kleiner, etwas schläfrig dahinschleichender Bach geworden ist, bringt die ‚Ladenbek' endlich ein wenig belebendes Wasser heran. Die Ladenbek hat in der Vergangenheit, wie viele Quellbäche, unter der Bebauung und Versiegelung von Landschaften gelitten. Renaturierungsmaßnahmen und ein Regenwasserrückhalte-Becken hinter der Bundesstraße 5 sorgen erfreulicherweise für die Erhaltung der Ladenbek.

Vorbei an den Tennisplätzen am Ladenbeker Furtweg findet sie ihren Weg begleitet von Birken, Schwarzerle und vereinzelt jungen Eichen hinunter zur Bille. Bevor sie sich fast unmerklich im Grünzug gegenüber der Busstation Moosberg (neben dem Pflegezentrum) mit der Bille vereint, wende ich mein Rad und folge den Joggern und Spaziergängern, die hier ihren Startpunkt für erholsame Runden durch das Boberger Naturschutzgebiet haben. ■

Hinter der Holzbrücke an der Bushaltestelle fließt die Ladenbek in die Bille.

Mittendrin die Bille

▶ Kurz nach dem industrie-dominierten Bereich an der Kurt-A.-Körber-Chaussee hinter dem Hauni-Werk wird es für Bille-Nachbarn schon wieder wohnlich. Fast parallel zur Bundesstraße 5 kurvt die Bille zwischen Sande und Heckkaten in westlicher Richtung dem Boberger Naturschutzgebiet entgegen. Hinter dem Berufsschulzentrum sind die hohen Gebäude der Siedlung Bergedorf-West in Sichtweite auszumachen. Dieses Wohngebiet entstand in den 60er-Jahren des vorigen Jahrhunderts und hat seinen eigenen Charakter gefunden. Rechts und links entdecke ich bei der Vorbeifahrt Sportplätze und Sportstätten.

Die Bille macht alles grün. Nachdem sie unter dem Ladenbeker Furtweg hindurchgekrochen ist wird es heimelig an der Bojewiese. Ich las in einem kleinen Abendblatt-Artikel von 2012, dass das Gelände dem Hamburger Kaufmann Boy gehört haben soll. Erste Siedler seien damals Weltkrieg-I-Offiziere gewesen, die Grundstücke als Entschädigung erhielten. Ein Wander- und Radweg direkt im Bille-Uferstreifen führt nun neben dem Billwerder Billdeich bis zum Naturschutzgebiet Boberg. ■

An der Bojewiese laden Grünanlagen zu Bille-Spaziergängen ein.

Quellen: www.bergedorf-bille.de, www.abendblatt.de/hamburg/hamburgs-strassen/article109732641/Auf-der-Bojewiese-Billwerder.html

Holzbrücke an der Krusestraße. Im Hintergrund: der Telekommunikations-Turm in den Sander Tannen.

Das Rückhaltebecken wird von der Bille durchflossen. Im hellen Gebäude: der Sportkomplex, u.a. der TSG Bergedorf.

Bei den Segelfliegern

Umrundet von der Bille und eingeschlossen vom Naturschutzgebiet Boberg bietet das Segelfluggelände nicht nur aktiven Fliegern ein Optimum an Freude. Geeignet als Ausflugsziel für jedermann, zieht es bei schönem Wetter viele Mitbürger an. Ein Picknick in den Dünen, ein herrlicher Spaziergang oder ein Eis essen und Flieger gucken.

Reger Betrieb auf dem Boberger Segelflugplatz.
Für einen ‚Flugzeug-Schleppstart' steht ein Motorflugzeug bereit.
In Deutschland gibt es mehr als 30.000 Segelflugpiloten.

Ausflug zum Segelflugplatz

▶ „All inclusive“ wie es so schön in der Werbung heißt. Dann nehmen Sie sich einmal einen Ausflug zum Segelfluggelände in Boberg vor. Ich war jedenfalls nicht enttäuscht und es hat richtig Spaß gemacht. Eine sportliche Radtour oder ein ausgedehnter Spaziergang stehen am Anfang. Dabei lerne ich die ‚Dünen‘ kennen. In den Badeteichen tummelt sich das Volk und genießt ein erfrischendes Bad. Mit dem Rad komme ich sogar bis an die Bille und zwischen Weiden, auf denen Kühe grasen, und Heideflächen weitet sich der Blick über ein flaches Gelände. Schwirrende Geräusche zeigen, dass ein Segelflieger nach oben gezogen wird. Ausgeklinkt zieht das Segelflugzeug seine Bahn, am Mini-Fallschirm schwebt der Zughaken nach unten und wird zum Start zurückgebracht für den nächsten Flieger.

Der Hamburger Aero Club Boberg (HAC Boberg) befindet sich am Weidemoor 21. Dort direkt kann man sich zwischen April und Oktober eines Jahres informieren (Internet: www.hac-boberg.de). Was auch interessant ist: Es besteht die Chance gegen einen fairen kleinen Beitrag selbst mal als ‚Sozius‘ mitzufliegen. Vielleicht eine Gelegenheit die Bille mal von oben zu sehen. Für Segelflug-‚Spotter‘: Auf dem Anlage bietet ein kleiner Imbiss Getränke, Eis, Snacks etc. am Aussichtsgarten an. ■

Besonders am Wochenende bei schönem Wetter beliebt: ein Ausflug zu den Segelfliegern.

Ein spannender Moment für Groß und Klein, wenn die weißen Segelflieger starten oder landen. Hier überfliegt gerade ein Motorsegler das Gelände.

Boberger Dünen: einzigartige Natur

Die Sandmassen der Urelbe, vom Wind zu Dünen aufgeweht, bilden heute ein Refugium für Pflanzen und Tiere, die in diesem geschützten Bereich leben. Gleichzeitig ist es ein Naherholungsgebiet für naturliebende Menschen, die ebenso respektvoll mit der angrenzenden Boberger Niederung umgehen.

Ursprünglich waren die Boberger Dünen viel mächtiger. Der Mensch hat den kostbaren Sand für seine Bauvorhaben abgetragen. Deshalb ist es um so wichtiger, dass diese einmalige Landschaft erhalten bleibt und geschützt wird.

Naturschutzgebiet Boberger Niederung

▶ Vom Ladenbeker Furtweg bis zur Autobahn A1 verläuft die Bille direkt am Billwerder Billdeich entlang, einer Straße, die das NSG Boberger Niederung südlich mehrere Kilometer umrundet. Bewohner der angrenzenden Hamburger Stadtteile wie Lohbrügge, Mümmelmannsberg, Kirchsteinbek und Billwerder, aber auch Bergedorf West lieben dieses Naturschutzgebiet. Es eignet sich für allerlei Freizeitaktivitäten. Ausgewiesene Bereiche laden ein zum Baden (Baggersee), zum Grillen, aber auch nur zum bloßen Spazierengehen. Jogger drehen genüsslich ihre Runden, Radler umfahren das Segelfluggelände oder nehmen ein Sonnenbad in den sandigen Dünenbereichen. Eine herrliche Landschaft.

Es gibt sehr viele Stelltafeln, die mich als Naturfreund auf die Besonderheiten der Landschaft hinweisen. Ohne Experte zu sein, erkenne ich sehr viele schöne Pflanzen. Teilweise muss ich zweimal hinschauen, um ihre winzige Schönheit zu entdecken. Kleine Teiche, etliche Entwässerungsgräben und moorige Wiesen bieten allen Arten von Tieren ruhige Bereiche und mir die Gelegenheit sie still aus gebotenem Abstand zu beobachten.

Seit 1991 ist die Boberger Niederung Naturschutzgebiet. Der Walter-Hammer-Weg (benannt nach dem Nazi-Widerstandskämpfer und Schriftsteller Walter Hammer-Hösterey) führt von Lohbrügge am Höperfeld bis zum Boberger Badesee. Entlang dieses roten Fadens (Weg) erkunde ich das NSG der Boberger Niederung.

Boberger Kleinflora: Das Wilde Stiefmütterchen (l.) und eine kleine violette Nessel (r.)

Eine tolle Karte der Umweltbehörde Hamburg Naturschutzamt erklärt mir die einzelnen Bereiche dieses 350 Hektar großen Gebietes. Ich finde Landschaftsformen wie Waldweide und Heide am Rand der Dünen. Die wiederum sind Relikte der großen letzten Eiszeiten. Durch den Menschen und sein Zutun wurde die Dünenlandschaft allerdings arg in Mitleidenschaft gezogen. Die Entnahme von Millionen Kubikmetern Sand, beispielsweise für den Bau der Bahndämme Mitte des 19. Jahrhunderts, später auch beim Anlegen des Flugplatzes, hatte schlimme Folgen. Ehemalige bis zu 30 m hohe Dünen sind verschwunden. Im Achtermoor entstanden durch Torfstich in der Nachkriegszeit zwei größere Teiche.

Wir können viele, über Jahrhunderte durch den Menschen und auch die Natur selbst entstandene Veränderungen, kaum rückgängig machen. Nur durch besonnenes Verhalten und allergrößten Respekt vor unseren Naturschutzgebieten ist es möglich, sich an dem Vorhandenen zu erfreuen.

Das Naturschutzgebiet Boberger Niederung ist so vielfältig. Trockenbiotope, Sandflächen der Dünen, Heide und Trockenrasen sowie Eichen-Birken-Wälder wechseln sich mit Gewässern, Wiesen und Weiden ab. Zur Bille hin schließen sich landwirtschaftlich genutzt Flächen an.

Und wenn ich aufmerksam durch das Gebiet streife, bemerke ich eine reiche Flora und Fauna. Natürlich stelle ich sogleich Ähnlichkeiten mit Bereichen an der Oberen Bille fest. So ist der Eisvogel ebenso hier zuhause wie zauberhafte große Libellen und etliche Schmetterlinge. Die Sandbiene ist hier zu sehen, der Aurorafalter, der Graureiher und die Bekassine. Es braucht wie immer viel Geduld und mit einem kleinen Spaziergang ist es meist nicht getan.

Wer sich stärker für das NSG Boberger Niederung interessiert, der kann sich im Naturschutzinformationshaus an der Boberger Furt 50 informieren. Es werden Vorträge und öffentliche Führungen angeboten. Betreut wird das Informationshaus von der Stiftung Naturschutz Hamburg und der Stiftung zum Schutz gefährdeter Pflanzen. ■

Den trockenen Boden bedeckt diese Pflanze mit ihren kleinen weißen 5-blättrigen Blüten.

Quelle: Prospekt der Freien und Hansestadt Hamburg ‚Naturschutzgebiet Boberger Niederung'.

St. Nikolai am Billwerder Billdeich

▶ Eine sehr schöne Kirche, wie ich finde, steht am Billwerder Billdeich. Einen Steinwurf entfernt von der Bille, die hier von Bergedorf kommend das NSG Boberg umrundend in Richtung Hamburg fließt. St. Nikolai hat eine bewegte lange Geschichte hinter sich. An dieser Stelle nahe der Bille hat in den vergangenen 7 Jahrhunderten immer eine Kirche gestanden. Viele ihrer Vorgänger hatten die üblichen ‚Probleme'. Entweder wurden sie baufällig, hatten Brände zu überstehen, sogar Hochwasser ist ihnen zu Leibe gerückt.

Der letzte Wiederaufbau erfolgte 1911 bis 1913 im Neubarockstil. Das Baumaterial ist feuersicher. St. Nikolai beherbergte kirchliche und kulturelle Güter, die teilweise erhalten blieben. Zum Beispiel zwei Holzskulpturen aus dem 16. Jahrhundert, heute im Museum für Hamburgische Geschichte zu sehen. Eine stellt den Namensgeber, den heiligen Nikolaus dar. Das Kirchenschiff hatte städtischen Charakter – im Gegensatz zu den anderen Vierländer Kirchen – weil sich viele Hamburger Kaufleute in Billwerder Sommerresidenzen gebaut hatten.

Der weithin sichtbare Barockturm wurde 1884 erbaut und ist 56 Meter hoch. Beim Feuer 1911 blieben die Umfassungsmauern stehen. Die Innenausstattung ist, entgegen sonstiger evangelischer Kirchen, eher üppiger, umfangreicher ausgelegt. Ich persönlich mag den Kanzelaltar und die fein farblich abgestimmten Zierelemente. Der gegenüber liegende Orgelprospekt bildet eine Einheit mit dem ganzen Inneren der Kirche. Die letzte Renovierung stammt aus den Jahren 1980/81. Einfach sehenswert. ■

Von der Kirche führt der Weg über diese Billebrücke ins Naturschutzgebiet Boberg.

Quelle: www.wikipedia.org

Der Kirchturm von St. Nikolai spiegelt sich im träge dahingleitenden Billewasser.

Der Barockturm von St. Nikolai ragt weithin sichtbar in den ‚Billehimmel'.

Was mir an der Bille blüht

▶ Oft gesehen und doch immer wiedererkannt – der Rote Fingerhut. Er wächst mit seinen phantastischen Blütenkelchen vorzugsweise an Waldrändern. Achtung, Blätter und Blüten sind giftig! Entlang von Getreidefeldern im Billeland zu finden: Der rote Mohn und seine Begleiterin die Kornblume. Wenn ich die sehe, ist aber garantiert Sommer. In den Auenbereichen der Bille finde ich jedes Jahr wieder den kräftig gelb blühenden Kriechenden Hahnenfuß. Freuen Sie sich, wenn Sie, liebe Leser, diese Blüten beim Spaziergang sehen. ■

Roter Fingerhut

Kornblume, Mohn

Kriechender Hahnenfuß

Golfsport an der Bille?

Warum nicht? Golfspieler lieben die Natur, die frische Luft und ... den weißen kleinen Ball, der mit Können oder Glück ins Loch fällt. Im Einzugsgebiet der Bille befinden sich 8 Golfplätze, deren Teiche oder Wassergräben indirekt mit der Bille verbunden sind.

Abschlag unweit der Süsterbek in Dassendorf – Wintertag am Hegengraben in Oststeinbek.

Abschlag über den Siekgraben

Die wenigsten der Leser werden ahnen oder vermuten, was die Bille hier mit Golfspiel zu tun hat. Mag sein, ist vielleicht ein wenig weit hergeholt, ... aber, da ich meine Entdeckungstouren entlang der gesamten Bille unternehme, gehören die Zuflüsse als direkte oder indirekte Wasserspender für die Bille dazu. Man staune: die Gewässer von 8 Golfplätzen unserer Umgebung fließen – mehr oder weniger – am Ende zur Bille!

Durch die herrliche Anlage des Golfclubs am Sachsenwald in Dassendorf fließt die Süsterbek, die ihrerseits im Sachsenwald in die Schwarze Au, die wiederum direkt bei Aumühle in die Bille mündet. So mancher Abschlag ist da im seicht dahingurgelnden Wasser des Baches gelandet. Den Handicap-14-Golfer wird es nur geärgert haben, aber das Billewasser hat auf seinem langen Weg zur Elbe auch dessen „Titleist"-Ball benetzt.

Der Nachbarplatz des Golf- & Country-Clubs Brunstorf kommt wassertechnisch auch über die Schwarze Au ins Spiel. Quer durch die Anlage am südlichen Rand des Sachsenwaldes, kurz vor Schwarzenbek, durchfließt der

Ein herrlicher Herbstsonnentag: Der Autor beim Abschlag.

Ein gepflegtes Grün mit Sandbunker des Golfclubs am Sachsenwald.

Siekgraben das Gelände und damit 6 Golfbahnen. Auf der Bahn 15, einem Par 3, muss beispielsweise der Abschlag der Herren über den Siekgraben bei 143 Meter aufs Grün platziert werden. Manche verunglückte Versuche sind da im steilen Uferbereich oder direkt im Graben gelandet.

Südlich des Reinbeker Mühlenteiches auf dem Höhenniveau von durchschnittlich 30 Metern befindet sich der Wentorf-Reinbeker Golf-Club, der älteste Golfclub Norddeutschlands (gegründet 1901). Mehrere namenlose Entwässerungsgräben erreichen durch das Waldgebiet Grübben oder direkt entlang der „Golfstraße" die Bille oder den Mühlenteich. Die genannten Gräben umzingeln die Anlage und treten nicht erschwerend für die Golfspieler in Erscheinung. Da bleibt der Abschlag eben trocken!

Anders in Oststeinbek bei der GolfRange Hamburg-Oststeinbek. Da durchzieht der Hegengraben von Bahn 1 entlang Bahn 4 und durch Bahn 9 den Platz. Der gut wasserführende Graben erreicht südwestlich den Forellenbach, der wiederum kurz vor dem Mühlenteich in die Glinder Au abfließt. Als vorletzer großer Zufluss strömt die Glinder Au schließlich zur Bille. Besonders für Anfänger stellt der Graben auf Bahn 9 kurz vor dem entscheidenden Schlag aufs Grün ein Hindernis dar. Gute Spieler sehen den Graben gar nicht und schaffen es leicht an die Fahne.

Seitlich der riesigen Anlage des Clubgeländes Golf Gut Glinde führt ein schmales Gewässer, gespeist aus einem Teich in Hamburg-Lohbrügge, nach Schleswig-Holstein und damit zwischen Glinder Horst (Staatsforst Trittau) und Golfplatz zur Glinder Au hinunter. Der Graben bildet die östliche Abgrenzung der Anlage und durchfließt keine der Golfbahnen. Etliche Teiche erschweren dem Golfer dennoch das Leben, denn man kassiert für einen ungenauen Schlag, der im Wasser landet, einen Strafschlag.

Hinter dem Grün der Bahn 2 auf dem Kurzplatz des GC Großensee entspringt im Quellteich der Bülkenbach.

Na ja, der Golfclub in Escheburg gehört, wenn ich etwas um die Ecke überlege, mit in die Aufzählung, weil das sogenannte Oberflächenwasser nicht nur verdunstet, sondern auch durch diverse kleine und kleinste Gräben über die Geestkante (unter oder über die Bundesstraße 5) in den Nordostbereich der Vierlande abfließt. Ähnlich wie auf dem Glinder und Wentorfer Golfplatz erschweren auf diesem schönen Platz etliche künstlich angelegte Teiche ein sorgloses Spiel.

Der Großensee ist insofern ein wichtiger Wasserspender, weil dessen Nass über die Corbek direkt in die Bille fließt. Ganz nah sind zwei weitere Golfplätze. Nördlich der des Golfclubs Hoisdorf, dessen Teich von der Bahn 4 seitlich des Grüns in einem Graben durch den Wald zum See fließt und weiter südwestlich der Golfclub Großensee, der über den Bülkenbach, den Brunsbach und die Corbeck mit der Bille verbunden ist. An der Bahn 7 kann der Bülkenbach den Golfer ärgern. Verzieht er den Ball nach links, fliegt dieser vielleicht in den Bach und damit ins Aus. Addiert er zu seinem Score einen Strafschlag, kann er einen neuen Ball „droppen" und weiterschlagen.

Da ich selber Golf spielte, lag es natürlich nahe, diesen Schlenker über die meist herrlich in die Landschaft integrierten Anlagen zu machen. Die künstlich angelegten Sportareale mögen für viele Mitmenschen einen Kontrast darstellen zu den Naturschutzgebieten. Ich habe, nachdem ich auf manchem dieser Plätze spielen durfte, festgestellt, dass die Pflanzen- und Tierwelt eine schonende Koexistenz mit dem Golfsporttreibenden eingegangen ist.

Ein Austernfischer-Pärchen am Teich, Bahn 3, treibt im Frühling sein Liebesspiel und lässt sich von den Trolley schiebenden Golfern nicht verschrecken. Im Teich gluckert der dicke Karpfen und Hase und Häsin trollen sich im weiten Gelände. ■

Die gepflegte Anlage
des Golf Club Großensee
ist die sportliche Heimat vieler
Mitglieder aus der Region.

Die Napoleon-Brücke überspannt den Mühlenbach in Trittau.

Auf Granitquadern über die Bille

Hier drängt sich das Thema regelrecht auf. Ich entdeckte gerade die dritte Brücke dieser Art. Da gibt es doch einen Zusammenhang, oder? Und dann finde ich sogar noch ein viertes Exemplar, weit draußen bei Altengamme in den Vierlanden. Von wann stammen diese standhaften Bauwerke?

Alte Grenzbrücken im Billeland

▶ Begleitet vom Motorenrauschen der nahe gelegenen Autobahn A1 fahre ich in Reichweite der Glinder Au von Billwerder kommend Richtung Kirchsteinbek. Kurz vor den modernen Straßenbrücken der B5, die hier die Glinder Au überspannen, eine kleine Querstraße: „An der Kreisbahn". Zwei Bauwerke lenken meine Aufmerksamkeit auf sich. Die ziemlich roh belassene Eisenbahnbrücke aus einem Gleis und Bohlen und den darunter liegenden T-Trägern. Dahinter eine alte Steinbrücke. Interessant. Irgendwie kommt sie mir bekannt vor. War ich doch noch nie hier – wieso erinnert sie mich an eine ähnliche Steinbrücke?

Kurz darauf lese ich auf einem dunkelblauen Stellschild den Grund. Der Text erklärt mir die historische Herkunft dieser Rundbogenbrücke und sogleich dämmert es mir: Natürlich! In Trittau und Reinbek habe ich diese Art Brücke schon einmal gesehen. An der Bille und nahe an einem Seitenarm gelegen, wie hier. Über 200 Jahre alt sind die ehemals wichtigen Flussüberquerungen. Dem Dänenkönig Christian, dem damaligen Herrscher über Holstein, dienten sie Ende des 18., Anfang des 19. Jahrhunderts als Grenzsicherung.

Aus dem Text geht hervor, dass die Steinbeker „Franzosenbrücke" 1802 aus Feldstein-Granitquadern, versehen mit einer massiven Brüstung, gebaut wurde. Das Monogramm Christian VII. wurde in den Schlussstein gemeißelt. Während der napoleonischen Kriege waren Dänemark und Großbritannien in militärische Auseinandersetzungen verwickelt. Das Bauwerk war der Übergang nach Sachsen-Lauenburg, das der englischen Krone unterstand.

Unter der ‚Franzosenbrücke' von Kirchsteinbek fließt die Glinder Au hindurch.

Im Schlussstein das Königsmonogramm.

Ähnliches habe ich dann auch über die Granitquaderbrücke in Reinbek erfahren. Über diese sogenannte „Dänenbrücke“ führte damals die Landstraße nach Wentorf. Wie aus dem Hinweisschild hinter dem Museum Rade an der Schlossstraße zu entnehmen ist, hat der Landesbaumeister J. A. Richter die (Halbkreis-)Brücke über den Mühlgraben dort erbaut. Sie wurde 1793 errichtet und diente zur Verbindung der Landstraße über den Reinbeker Mühlengraben nach Wentorf. Der Abschlussstein trägt die Jahreszahl. Markant sind die großen Radabweisersteine, die zum Schutz vor Beschädigung durch die eisenbeschlagenen Räder der Kutschen dienten. 100 Jahre später wurde eine neue Straßenführung nach Wentorf eingerichtet. Heute dient die Brücke nicht mehr dem Straßenverkehr und steht seit 1986 unter Denkmalschutz. Die Umgebung wurde umgestaltet und dient als Bootstreppe über das nahe Wehr.

Die Reinbeker ‚Dänenbrücke‘ von 1793 steht heute neben der Bille. Sie ist ein historisches Zeugnis aus alten Zeiten in Norddeutschland und dient heute als Bootseinsetzstelle.

Sie könnte heute sogar noch befahren werden, die ,Napoleonbrücke' in Trittau – granitstark und belastbar.

Ähnliches ist über die „Napoleonbrücke" in Trittau am Mühlenbach zu erzählen. Sie ist ebenfalls um die Jahrhundertwende zur Zeit der napoleonischen Kriege entstanden, während der sie von durchziehenden französischen Truppen benutzt wurde. Deutlich zu erkennen sind auch hier die Radabweisersteine. Die alte Heer- und Handelsstraße existierte hier als eine wichtige Verbindung von Hamburg, Ratzeburg und weiter nach Mecklenburg. Heute ist sie ein kulturhistorisches Denkmal.

Das Baumaterial war ein Nachlass der fernen Eiszeit. Skandinavische Granitbrocken aller Größen konnten in der nahen Region frei liegend oder in den Sandschichten gefunden werden. Steinmetze fertigten aus den ,Rohlingen' die benötigten Quadersteine. Aus heutiger Sicht war es schon eine technische Meisterleistung. Ein starkes bogenartiges Holzgerüst ermöglichte den Aufbau der Steine mit schmalen Fugen. Der Höhepunkt war dann das Einsetzen des ,Schlusssteins'. Nun konnte das Stützgerüst entfernt werden, weil die Statik die Druckenergie seitlich ableitete, die Brücke war stabil und konnte befahren werden. In gleicher oder leicht abgewandelter Weise sind alle hier beschriebenen Steinbrücken gebaut worden. ■

Quelle: de.wikipedia.org/wiki/Liste_der_Kulturdenkmale_in_Trittau

Und noch eine ‚Dänenbrücke'

▶ Aller guten Dinge sind in diesem Fall nicht drei sondern vier. Nun habe ich erfahren, dass die Granitquaderbrücken bei Trittau, in Reinbek und Kirchsteinbek alle nach der gleichen Bauart entstanden sind. Sehr überrascht war ich doch, als ich während einer Radtour zum Voßmoor im äußersten Südosten Hamburgs, auf einer Info-Karte des Gebietes las: „Dänenbrücke“ (Granitquaderbrücke von 1777). Anlass war eigentlich die Erkundung der Brookwetterung, des Entwässerungsgrabens nördlich von Alten- und Neuengamme am Geestrand. Nun war meine Neugier für die Dänenbrücke geweckt.

Vom Voßmoor kommend verfehlte ich irgendwie die Einfahrt zum Altengammer Sommerbad. Dahinter sollte sich diese bewusste Brücke befinden. Zumindest strömte direkt am Horster Damm die Brookwetterung entlang. Dann fand ich nach einer mutigen Rechts-Abbiegung den in die Brookwetterung fließenden „Knollgraben“. Das Gelände war ziemlich unwegsam. Ich befand mich auf dem Grenzweg zwischen Schleswig-Holstein und Hamburg. Vor mir dann die alte Granitquaderbrücke.

Im Vergleich zu den drei anfangs erwähnten sieht diese etwas kleiner aus, die Granitquader sind „runder“ und nicht so groß. Jedoch der „Schlussstein“ trägt auch hier das Monogramm des Dänenkönigs (Christian VII.). Der Knollgraben, der an dieser Stelle überbrückt wird, kommt aus dem Wiesengelände südöstlich der A25. Neben der alten Granitquaderbrücke steht zusätzlich eine neue Brücke, die offensichtlich tragfähiger ist. ■

Der Volksmund kennt mehrere Bezeichnungen: Welfenbrücke, Franzosenbrücke oder Dänenbrücke.

Der Stellauer Bach fließt zur Glinder Au.

Die Glinder Au

Zwei kleine Bäche geben der Glinder Au, die südwestlich von Kronshorst entspringt, ihr ganzes Nass: der Langeloher Graben und der Stellauer Bach. Bei Stemwarde vereinigen sie sich und fließen unter der Kreisstraße 80 und der A24 hindurch nach Glinde zum Mühlenteich. Bis zur Bille ist es aber noch ein weiter Weg.

Von der Brücke des Bahnradweges bei Willinghusen blicke ich in nördlicher Richtung auf die Glinder Au.

Starker Verkehr rollt auf der A24 über die Glinder Au.

Wasser aus Glinde nützt der Bille

▶ In der weiten Feldmark hinter Stemwarde sammeln sich die Gewässer von drei Quellbächen zur Glinder Au. Sie durchfließt den Mühlenteich im Friederici-Park, um ursprünglich die dortige Mühle [> S. 260] anzutreiben. Von Nord nach Süd geht ihr Lauf durch den Ort, um bei den Bahngleisen fast rechtwinklig nach Westen und damit Richtung Hamburg abzudrehen.

Die Stadt Glinde hat eine bewegte – noch nicht lange zurückliegende – Geschichte vorzuweisen. Stichwortmäßig springen mir Begriffe wie Gutshaus, Kruppsiedlung, KuHa, Jurid, Heereszeugamt ins Gedächtnis. Meine Frau, die in Glinde geboren ist und dort aufwuchs, hat mir vieles aus ihrer Jugendzeit dazu erzählt. In der heruntergeladenen PDF-Broschüre* „Vom Dorf zur Stadt" kann ich die Entwicklung des Ortes rund um die Glinder Au nachlesen.

Und wieder kommen die Kloster-Damen des Zisterzienserordens ins Spiel. Graf Adolf IV. von Schleswig-Holstein übertrug den Nonnen das Dorf Glinde. Das war 1229. Die Geschichte der Nonnen ist sehr aufschlussreich, zumindest haben sie die ihnen anvertrauten Ländereien im-

Großer Granitfindling aus der ehemaligen Kiesgrube beim Spitzwald. 1984 zu Ehren des verstorbenen Glinder Bürgermeisters Friederici hier aufgestellt.

* www.glinde.de

mer ordentlich bewirtschaftet oder bewirtschaften lassen. Ende des 15. Jahrhunderts bestand Glinde aus fünf Bauernstellen. 1529 war die Klosterherrschaft zu Ende. Der neue Besitzer, der dänische König, schlug Glinde dem Amt Reinbek zu.

Bald siedelten sich etliche Handwerker in Glinde an. Die Wassermühle wurde als Kupfermühle eingesetzt und bescherte dem Dorf einen erklecklichen Aufschwung. Nachdem das Geschäft mit den Kupferplatten zurückging, wurde die Mühle in eine Farbholz- und schließlich in eine Kornmühle umfunktioniert.

Gegen Ende des 19. Jahrhunderts wurde das Gut Glinde gegründet. Der Musterbetrieb der Milchwirtschaft wurde von dem nordfriesischen Eisenbahningenieur Sönke Nissen übernommen. Dorf und Gut erhielten 1907 einen Bahnanschluss. Der schnelle Warentransport war nun möglich. 1933 hatte Glinde fast 550 Einwohner. Die Südstormarnsche Eisenbahn stellte allerdings 1952 den Personenverkehr wieder ein.

In den 30er-Jahren entstanden das Heereszeugamt und das KuHa (Kurbelwellenwerk Hamburg) in Glinde. Hier produzierte man Kurbelwellen für Flugzeugmotoren. Verbunden damit wurden weitere Gleisanschlüsse eingerichtet. Die sogenannte ‚Kruppsiedlung' entstand zwischen 1936/37 für die spezialisierten Mitarbeiter des Kurbelwellenwerkes.

Die Kupfermühle in Glinde.

Gutshaus Glinde

Vom Hochhaus am Sandweg blicken die Bewohner auf die Glinder Au.

Die unrühmliche Zeit bis zum Ende des Zweiten Weltkrieges soll hier nicht vertieft werden. Andere Orte im gesamten Billegebiet haben da auch ihre eigene Geschichte. Glinde stand durch das Lager Wiesenfeld, in dem ausländische Häftlinge, Zwangsarbeiter und Kriegsgefangene untergebracht waren, natürlich besonders im Fokus.

Für damit verbundene Informationen kann Ihnen der Heimat-Historiker Heinz Juhre aus Glinde mehr berichten. Er ist Sprecher der AG (Arbeitsgruppe) Ortsgeschichte. Die AG trifft sich jeden 3. Montag im Monat ab 15 Uhr in der Glinder Kupfermühle, dem Sitz des Heimat- und Bürgervereins Glinde e.V.

Zurück zur Glinder Au. Auf ihrem weiteren Weg zur Bille macht sie bei den Bahngleisen einen Rechtsschwenk nach Westen. Hier nimmt sie vom Golfplatz und dem Ortsteil Wiesenfeld zwei Wasserspender auf. Die Glinder Au schwillt an zu einem richtigen Bach, der bei starken Regenfällen auch schon mal über die Ufer tritt und den Wanderweg unpassierbar macht. Beim ehemaligen Gut Domhorst füllt die Glinder Au einen aufgestauten Teich, an dessen Ende einstmals eine Pulvermühle stand. An dem Schleusenhaus sehe ich die Wassermassen über zwei Stufen hinunterstürzen. Nun durchfahre ich mit meinem Rad den südlichen Rand des Ortes Oststeinbek.

Oststeinbek hat seinen Forellenbach. Von weit her aus der Landschaft am Autobahnkreuz Ost gesellt sich der Hegenbach hinzu. Weil die Topographie des Geländes den Forellenbach dazu zwingt, schickt er sein versammeltes Wasser an der Polizei- und Feuerwache von Oststeinbek vorbei zur Glinder Au. Oststeinbek hat selbstverständlich auch einen Mühlenteich. Dort schlüpft der Forellenbach in die Glinder Au. Nun weitet sich das Gewässer zu einem größeren Teich aus, dem Steinfurths Diek.

Oben: Das Schleusenhaus am Domhorster Mühlenteich in Oststeinbek.

Unten: Weiter führt die Glinder Au durch Steinfurths Diek, umgeben von einem schönen Bürgerpark.

Von der Bille aus gut zu sehen. Die Kirche in Steinbek auf der Geestkante.

Heute wird in der historischen, später mehrfach modernisierten Mühle Glimmer für die Autoindustrie verarbeitet.

Hier ist nun Hamburger Gebiet. Ein schöner Bürgerpark erstreckt sich zu beiden Seiten des Ufers bis zur Unterquerung der Autobahn A1 und weiter. Dieser Naherholungsbereich wird vorzugsweise von den Bewohnern Mümmelmannsbergs besucht.

Hier stoße ich auf die Kapellenstraße. Sie reicht von der Glinder Au bis zum Schleemer Bach. An beiden Enden befanden sich ehemals Mühlen*. Eine, die Mühle der Firma Adolf Neubauer, an der Glinder Au 6 steht seit 1735 hier. Die neuzeitliche Mühle wird heute nicht mehr von Wasserkraft angetrieben.

Und dann erreiche ich die ‚Kirche in Steinbek'. Die evanglisch-lutherische Kirche im neo-gotischen Baustil ist weit sichtbar. Für die Autofahrer auf der B5 zwischen Hamburg-Innenstadt und Bergedorf wie für die Wanderer, die aus der Boberger Niederung herüberschauen. ■

* www.geschichtswerkstatt-billstedt.de/pages/geschichtspfad/steinbeker-muehle.php

Mümmelmannsberg

▶ Der Havighorster Graben ist wirklich nur ein Graben, aber immerhin: er bringt ein wenig Wasser in die Glinder Au die nordwestlich am Stadtteil Mümmelmannsberg vorbei strömt. Unberechtigter Weise, wie ich finde, wird über den Stadtteil manchmal abfällig gesprochen. Hohe Häuser wurden zur Versorgung der Bevölkerung mit bezahlbarem Wohnraum damals dringend gebraucht.

Auch wenn die Autobahn A1 hier Kirchsteinbek und Mümmelmannsberg kräftig durchtrennt, so finden die Bewohner der beiden Hamburger Stadtteile auch Möglichkeiten, die freie Natur zu erleben. Es ist nur ein Katzensprung in das Naturschutzgebiet ‚Achtermoor', direkt unterhalb der Bundesstraße 5. Und so wird mancher Spaziergang bis zur Bille ausgeweitet. Beim anschließenden Rückweg am Baggersee Boberg und am Segelfluggelände vorbei haben die Ausflügler immer die Häuser von Mümmelmannsberg im Blick. ■

Kuhweiden, Autobahn, Hochspannungsmasten auf einen Blick vom Billwerder Billdeich aus. Im Hintergrund der Turm der Kirche in Steinbek.

Von Havighorst aus habe ich diese Ansicht vom Stadtteil Mümmelmannsberg.

Was da an der Bille flattert

▶ Meine lieben Leser haben diese flatternden Gesellen bestimmt auch schon gesehen. Welche Vielfalt es auch hier bei uns im Norden entlang der Bille gibt, wurde mir erst bewusst, als ich die Schmetterlingsbilder in meinem Foto-Sortiment durchsah. Den kleinen Perlmuttfalter fand ich noch relativ häufig in den Sommermonaten. Oder das Große Ochsenauge, welches feuchte Wiesenränder mag. Das eigenartig hübsch gefärbte Sechsfleck-Widderchen macht sich dagegen etwas rar und frisst am liebsten Hornklee. ■

Kleiner Perlmuttfalter

Sechsfleck-Widderchen

Großes Ochsenauge

Lackierermuseum am Billeufer

Zweimal musste ich hinsehen. Fast wäre ich schon daran vorbeigeradelt. Doch dann schob ich das Rad ein Stück zurück über die Glockenhausbrücke und schaute etwas länger auf das Fachwerkhaus mit dem kleinen Glockenturm. Mein erwachtes Interesse ließ mich einen Schlenker zum Billwerder Billdeich 72 machen. Es war leider gerade nicht geöffnet, aber ich nehme mir vor, das Deutsche Maler- und Lackierer-Museum später zu besuchen. Die Öffnungszeiten sind von Februar bis November jeweils sonntags von 14–17 Uhr. Mit der Buslinie 330 erreicht man das Museum von der U-Bahn Billstedt aus. Rechts vom Gebäude ein wunderschön angelegter Ziergarten zu sehen.

Das Fachwerkhaus ist das Billwerder Glockenhaus aus dem Jahr 1600. Ein historisches Gebäude der frühen Landhauskultur, welches im Laufe des 17./18. Jahrhunderts erweitert wurde. Seit 1972 restaurierte man das alte Haus, das dann im Jahre 1984 von der Hamburger Maler- und Lackierer-Innung als Museum eröffnet wurde. ■

Das ‚Glockenhaus' wurde benannt nach dem Glocken-Dachreiter. Es beherbergt das Deutsche Maler- und Lackierermuseum.

Waldkauz

Mäusebussard

Was da über der Bille fliegt

▶ Der Waldkauz ist mir nur selten begnet, aber sein flötender Ruf hallt nachts durch das Billetal. Das Exemplar auf dem Foto oben befand sich im Tiefschlaf, deshalb war es möglich ihn abzulichten. Fast täglich schwebt der Mäusebussard über den Baumwipfeln und der Feldmark auf der Suche nach einer vierbeinigen Mahlzeit. Die Rabenkrähe ist gut vertreten bei uns am Feldrand. Der Allesfresser hat sich der veränderten Zeit angepasst und bevorzugt inzwischen oftmals Aas, was als Folge des starken Autoverkehrs vorhanden ist. ■

Rabenkrähe

Der Schleemer Bach aus Rahlstedt

▶ In Rahlstedt kennt jeder das Kinderkrankenhaus ‚Wilhelmstift', aber die wenigsten wissen, dass der Schleemer Bach, der dort entspringt, zur Bille hinunterfließt. Das Gewässer führt auf Hamburger Gebiet an Barsbüttel vorbei. In Jenfeld passiert es den ‚Kleintierfriedhof', nimmt den Zulauf Barsbek auf und gelangt nach der Autobahn A24 in den Öjendorfer See. Hier trennt er im ‚Grootmoor' den Öjendorfer Friedhof vom Öjendorfer Park ab. Der Park mit Minigolfbahn, Rodelberg, mit beliebten Spielplätzen, Badestellen und wunderschönen Spazierwegen lockt die Nachbarn aus Öjendorf sowie Schiffbek in dieses naturnahe Gebiet.

Im Hamburger Stadtteil Billstedt schlängelt sich der Schleemer Bach nach Süden. Auf seinem Weg passiert er das Freibad Billstedt und erreicht einen Teich an der Möllner Landstraße. Hier hat es über Jahrhunderte Mühlen aller Art (unter anderen einen Galerieholländer an der Kapellenstraße) gegeben. Vom Mittelalter bis ins Jahr 1953 erklärt mir die Beschreibung „Von der Mühle zum Schleemer Park" auf der Internet-Seite der Geschichtswerkstatt Billstedt*. Im Schleemer Park, wo im September alljährlich ein Lichterfest stattfindet, picknicken die Anwohner der Umgebung friedlich direkt am Schleemer Bach. Begleitet von den flackernden Lichtspielen plätschert der Bach unter der lärmenden B5 hindurch, um sich mit der Bille zu vereinen. ■

Hier im Öjendorfer Park führt der Schleemer Bach durch mehrere kleine Teiche.

* www.geschichtswerkstatt-billstedt.de/pages/geschichtspfad/station3.php

Ein ‚blaues Wunder' für die Bille?

▶ Eine Doppelseite für meine Bille? Nun, da haben die Redakteure des ‚Abendblattes' der Bille mal richtig Platz eingeräumt. Doch das Thema birgt eine gewisse Brisanz in sich. Denn dieses blaue Wunder wird noch viele Überraschungen mit sich bringen. Wir wissen, das blaue Wunder kann auch im übertragenen Sinne Täuschung oder gar Enttäuschung bedeuten.

Erfreulich ist, dass die Stadt Hamburg möglicherweise ein Konzept plant, dass im derzeitigen Industrie- und Schrebergartengelände entlang der Bille zukunftsorientierte Veränderungen vorsieht. Es könnten unter dem Motto „Stromaufwärts an Elbe und Bille" neue Wohngebiete errichtet werden. Und die Handelskammer hat sich als Interessent auch schon eingeklinkt.

Ob etwas Gutes daraus wird, bleibt abzuwarten. Schön gemacht ist die Bille-Geschichte dennoch, denn sie bringt dem Leser von der Wasserseite her herrliche Perspektiven und Anregungen. Aus meiner persönlichen Sicht wäre es natürlich konsequent, wenn über die Hafencity hinaus, nach Osten städtebaulich neue Akzente gesetzt werden. Das Billeareal könnte ideal dafür sein. Selbstverständlich unter Einbindung der ansässigen Betroffenen, nämlich der vielen Kleingärtner und Freitzeitbürger. ■

Das ‚Hamburger Abendblatt' hatte in der Wochenendausgabe vom 8./9. August 2015 eine Serie gestartet, deren Teil 1 dem Thema ‚Rund um die Bille' gewidmet war. Es geht in der Geschichte im erweiterten Sinne um ‚neues' Wohnen an der Bille unter Einbeziehung der mit ihr verbundenen Industriekanäle. Die beschriebenen Möglichkeiten bieten eine überaus interessante Vielfalt und könnten den ‚grauen' Stadtbereich sehr beleben.

Zwischen Autobahn & Industriegebiet

▶ Ich hätte nicht gedacht, dass ich entlang der ‚Industrie-Bille' meistens relativ nah am Fluss entlang fahren kann. Nach Überquerung der Autobahn A1 über die Glockenhausbrücke sehe ich weiterhin eine grün gesäumte Flusslandschaft. Von Norden her vereint sich die Glinder Au mit der Bille, die stadteinwärts von Schilf, Booten und ersten Industriegebäuden begleitet wird. Unweit der Roten Brücke fließt der Schleemer Bach als letzter Zufluss in die Bille. Neben der Brücke, deren AKN-Gleise nach Glinde führen, überspannt der ‚Billesteg' auf stählernen Stelzen die Bille. Zwischen der viel befahrenen Bundesstraße 5 von Bergedorf nach Hamburg und der Bille fahre ich gemächlich durch einen Grünzug, der zum Spazierengehen und Verweilen einlädt.

Von der Gelben Brücke bis zur Blauen Brücke verliere ich meinen Lieblingsfluss etwas aus dem Auge.

Hier muss ich meinen Drahtesel ein paar Meter über das holprige Pflaster einer Industriestraße quälen. Doch an der nächsten Ecke gelange ich über die Braune Brücke mit der Horner Rampe (so heißt die Straße) zum Billeufer. Hier erblicke ich Boote, die am Ufer dümpeln.

Als ich an der Brücke der Güterumgehungsbahn, die hier die Bille überquert, kurz vom Rad steige, sehe ich eine Barkasse mit Ausflüglern meinen Fluss hinunter schippern. Tja, und dann ist es nicht mehr weit.

Rechts und links sind die Kleingärten in voller Pracht erblüht. Die kreative Vielfalt der Gartenliebhaber ist hier zu bestaunen. Ich gelange zum Tierheim an der Süderstraße und dem Sommerbad nebenan.

Dort wo die Süderstraße eine Fußgängerbrücke ist, liegen Boote aufgereiht wie an einer Perlenschnur in der Bille. Also, so schlimm war es doch gar nicht. Das ‚bisschen' Industrie verkraftet meine ‚Aschenputtel-Bille' doch locker. ■

Im Hamburger Stadtteil Hamm-Süd reiht sich auf der Bille Sportboot an Sportboot. Die Fußgängerbrücke der Süderstraße überspannt den Rückerskanal.

Freizeit-Bille

Kaum zu glauben! Mitten im Industriegebiet haben viele Hamburger ein perfektes Freizeitangebot gefunden. Sportboot reiht sich an Sportboot – auf der Bille! Von hier in die Wasserwelt der Kanäle und kleinen Wasserstraßen im Süden Hamburgs. In den Kleingärten wird gegrillt, was der Schlachter hergibt, und der Wohlfühlfaktor springt nach oben auf der Positiv-Skala.

Das Vereinshaus des Biller-Ruder-Clubs auf der Billhuder Insel.

Schreberparadies Billhuder Insel

▶ An sonnigen, warmen Wochenenden im Sommer zieht ein nicht zu verwechselnder Duft durch die Kleingärten. Grillen auf der Insel ist angesagt! Aus den Lauben dringt Radiomusik durch die Hecken. Eine große Freizeitgemeinschaft genießt das Relaxen am Ufer der Bille. Ja, auch das finde ich am Billelauf. Die Glücklichen, deren Parzelle direkt am Ufer liegt, besitzen meist ein Sportboot. Aber auch ohne ein solches ist im vielen Schrebergrün das Wohlfühlen verdammte Pflicht. Natürlich nur, wenn man dem bisschen Garten- und Pflegearbeit fürs Refugium nicht zu viel Stress beimisst. Viele empfinden sogar das als Erholung!

Die Bille beschreibt hier im Gelände ein paar S-Kurven. Deshalb sind auch die östlichen Kleingärten am ‚Billeufer' und am ‚Grünen Weg', so heißen hier die Straßen, das reinste Paradies. In Hamm-Süd lässt es sich sogar gut wohnen. Schöne, neue Häuser blicken auf die breit ausladende Bille bis zur Grünen Brücke. Spezialisierte Bootsbaubetriebe finden ihre Kunden in direkter Nachbarschaft. Auch das ist meine Bille, weit weg von Auwäldern und Mühlenteichen, hier spüre ich schon den nahen Pulsschlag der Großstadt. ■

Blick auf die breiteste Ausdehnung der Bille. Zwischen Brauner und Grüner Brücke befinden sich etliche Bootsbaubetriebe.

Viele Parzellen der Kleingärten reichen bis ans Wasser. Davor liegt meist das eigene Boot.

Die Bewohner der neuen Wohnhäuser an der Steinbeker Straße schauen direkt auf die Bille.

Bunte Brücken über der Bille

▶ Oft habe ich mich gefragt – wie viele meiner Leser –, warum einige Brücken an der Bille „farbige" Namen haben. Hier die Auflösung:

Seit dem 19. Jahrhundert wurden immer mehr ausländische Menschen im Hafen- und Industriegebiet Hamburgs beschäftigt. Im Laufe der Zeit sind die Brücken über die Bille bis zur „Roten Brücke" farbig angestrichen worden. Bis dort war die Bille wegen der Industrie schiffbar. So hatten es die Schiffer und Arbeitnehmer der Betriebe leichter sich zu orientieren.

Seit 1948 sind folgende Farben für die wichtigsten Brücken gebräuchlich: Die Rote Brücke, wie schon beschrieben, zwischen Billstedter Bahnstieg und Billbrookdeich. Flussabwärts folgt dann die Gelbe Brücke – als Moorfleeter Straße über die Bille zwischen der Bundesstraße B5 und dem Billbrookdeich. Die Blaue Brücke ist die Straße Horner Rampe und befindet sich zwischen Billeufer und Billbrookdeich. Die Braune Brücke verbindet Hamm-Süd mit der Billhuder Insel zwischen Süderstraße und Ausschläger Billdeich. Als Billwerder Steindamm führt die Grüne Bücke über die Bille nach Rothenburgsort. Die letzte, die Schwarze Brücke, ist als Heidenkampsweg (B75) eine der wichtigsten Einfallstraßen Hamburgs. Die letzte große Billebrücke, für die Amsinckstraße, bekam keine Farbbezeichnung. Sie wurde erst um 1960 herum gebaut.

Die Gelbe Brücke – oben Moorfleeter Straße, unten die Bille.

Quelle: www.wikipedia.org

Links: Die Rote Brücke war zeitweise nur eingeschränkt befahrbar.

Sportboote am Ufer.

Ich habe mit dem Rad die Stadtteile Rothenburgsort, Billwerder Ausschlag und Billbrook durchfahren, um die Brücken ausfindig zu machen. Die Bille ist hier Bestandteil eines weitläufigen Kanalsystems, welches die Möglichkeit bietet, Industrieanlagen vom Wasser aus zu erreichen.

Die meist breiten Straßen führen von Norden kommend ins Binnenhafen- und Industriegebiet. Schwere Lastwagen queren fast ununterbrochen die Betonbrücken. Dennoch verweile ich am Geländer, schaue auf die sich leicht kräuselnde Wasseroberfläche und hoffe, ein Schiff unter mir durchfahren zu sehen. Leider hält sich hier der Wasserverkehr in Grenzen. Nur die an den Kaianlagen vertäuten Schuten zeigen mir, dass hier gelegentlich Binnenschiffe fahren.

Sportboote allerdings gleiten bis weit nach Billwerder. Ihre Besitzer sind Freizeit-Kapitäne, die ihr Domizil auf der Billhuder Insel oder in Schrebergärten am Billeufer bis hin zum Billbrookdeich kurz vor der Autobahn A1 haben. ■

Wunderschöne Hausboote liegen auf dem Wasser des Kanals. Diese ‚Floating Homes' mit 120 m² Wohnfläche sind eher etwas für betuchte Leute.

Kanal-Bille

Hier, in Borgfelde und Hamm-Süd ist die Bille ‚umzingelt' von Kanälen. Sie wurden im aufkommenden Industriezeitalter notwendig, um Wirtschaftsunternehmen den Zugang zur Elbe und dem Seehafen zu ermöglichen. Heute, im Zeitalter moderner Transportlogistik, ist die Bedeutung der Kanäle verblichen. Äußerst attraktiv allerdings noch für Wohnschiffe und Glaspaläste.

Von der Brücke Süderstraße blicke ich den Kanal hinunter bis zum halbrunden Glasgiebel vom „Berliner Bogen Hamburg" des Architekten Teherani. Links die runde Glasfront von Bürohäusern.

Durch Billbrook & Billwerder Ausschlag

▶ Diesen Kontrast musste ich mir echt gönnen. Einen Tag mal ganz weg von Vogelgezwitscher, blühenden Ufersäumen und Buchen, die sich im leichten Wind wiegen. Auf zum Billwerder Ausschlag. Sehr, sehr gewöhnungsbedürftig der rumpelnde, laute Straßenverkehr. Die Industriegebäude haben so gar nichts Naturromantisches an sich. Aber beim genauen Hinschauen finde ich das eine oder andere interessante Gebäude oder gar grüne Flecken.

Der Bergedorfer Autor und Geschichtsforscher Ludwig Uphoff* beschreibt im März 1949 in einem Artikel den Fehler des Hamburger Topographen Ludwig von Heß von 1789. Der behauptete nämlich, dass die Bille in die Fleete geleitet worden wäre, um diese besser zu spülen. Andere übernahmen die These und meinten sogar, die Bille wäre durch Hammerbrook geflossen. Korrigiert wurde diese Annahme von dem Deichinspektor Hübbe der 1869 einwandfrei nachwies, dass die ‚Hamburger Bille' sich ungeteilt von Bergedorf bis zum Bullenhuser Schleusenhaus erstreckte. Heute umrundet die Bille die Billhuder Insel, um in den Oberhafenkanal, einen Seitenarm der Elbe, zu münden. Mit dem beginnenden Industriezeitalter sind künstliche Wasserläufe wie der Nordkanal (gibt es heute nicht mehr), der Mittel- und Südkanal und ein verbindendes Hochwasserbassin angelegt worden. Die Bille schlängelte sich schon in vorgeschichtlicher Zeit eigenständig bis zur Elbe. Südlich der Bille existieren heute in Billwerder Ausschlag die Kanäle Bullenhuser Kanal und Billekanal und viele weitere Industriekanäle. ■

Hinter der Bullerdeich-Brücke, wo bereits die Bille fließt, ist der Wasserturm von Rothenburgsort zu sehen.

Quelle: www.bergedorfarchiv.de

Das Störtebeker-Haus, ein markantes Bürogebäude befindet sich nördlich der Bille.

Das Symbol für Handel mit der ganzen Welt: die Hansekogge.

Unter der Blauen Brücke: Freizeitboote auf der Bille, hinten Industriebauten wie der ‚Commentz-Turm'.

Die Kinder vom Bullenhuser Damm

▶ Unweit des Ufers der Bille, dort wo ihr Wasser sich bald in die Elbe verabschiedet, trug sich in der Nacht vom 20. auf dem 21. April 1945 ein unfassbares Ereignis zu. Nazi-SS-Verbrecher haben in den Kellerräumen der Schule am Bullenhuser Damm 92-94, die von Bombenangriffen teilweise zerstört war, 20 jüdische Kinder und mindestens 28 Erwachsene ermordet. Das Schulgebäude befindet sich im Stadtteil Rothenburgsort, wenige Schritte zur Bille, die nur durch einen Industriebetrieb vom Ort des Grauens getrennt ist.

Mir liegt sehr daran, diese Tat hier zu erwähnen, weil wir uns immer wieder daran erinnern müssen, was in deutschem Namen während der Nazi-Zeit Schlimmes passierte. Wenige Tage vor Ende des 2. Weltkrieges, als halb Europa in Trümmern lag und jeder schon lange wusste, dass dieses verbrecherische Nazi-System nicht mehr lange existieren würde, geschahen diese sinnlosen Morde. Wie all die unglaublich vielen vorher.

Die Täter wurden gefasst und zum Tode oder zu lebenslanger Haft verurteilt. Der Journalist und Autor Günther Schwarberg hat mit seinem Buch aus dem Steidl-Verlag „Der SS-Arzt und die Kinder vom Bullenhuser Damm" das Gewissen der Menschen im Nachkriegs-Deutschland aufgerüttelt. Heute ist in der Schule am Bullenhuser Damm eine Gedenkstätte eingerichtet, die sonntags von 10–17 Uhr geöffnet ist. Der Eintritt ist frei. Erhältlich ist dort auch die Dokumentation zur Gedenkstätte, erschienen in der Edition Temmen, Bremen: „... dass du weißt, was hier passiert ist". ■

Quellen: www.kinder-vom-bullenhuser-damm.de
www.abendblatt.de/hamburg/article320991/Die-Kinder-vom-Bullenhuser-Damm.html

Dieses und andere Reliefs am Eingangsvorbau machen sehr nachdenklich.

Der Eingang zur Gedenkstätte befindet sich hinter dem Gebäude am Bullenhuser Damm 92–94. Im Rosengarten hinter dem Schulhof besteht die Möglichkeit, eine Rose zum Gedenken an die Ermordeten zu pflanzen.

Billewasser, marsch!

Springt die Lichtzeichenanlage auf Grün, dann dürfen Schiffe, Schuten und Boote in die Brandshofer Schleuse fahren. Bei diesem Vorgang geht immer auch das Billewasser mit hinaus. Schon nach wenigen Minuten ist meine Bille aufgeschlungen vom mächtigen, breiten Elbstrom-System.

Dieses markante Backsteingebäude an der Brandshofer Schleuse steht direkt neben der hier nach 65 km endenden Bille.

Unten, kleines Bild: Ein Blick zurück auf das Beton-Viadukt der S-Bahn und den Billhorner Röhrendamm.

An der Schleuse ist nun mal Schluss

▶ 65 lange Kilometer habe ich die Bille bis hierher begleitet. Hier endet ihr Dasein. Für meine Bille ist die Brandshofer Schleuse das „Tor zur Welt". Sie trennt den Welthafen Hamburgs (als See-/Tiedehafen) vom Binnenhafen der unteren Bille ab. Aus alten Karten habe ich entnommen, dass die Bille einstmals direkt in die Elbe abgeflossen ist. Das war sicher zu einer Zeit, als die heutigen Vier- und Marschlande bei Flut vom Elbwasser noch teilweise überspült wurden. Im Laufe der Jahrhunderte deichten die Menschen das kostbare Land ein und errichteten mehrere Schleusen zur Abschottung.

Heute ist die Bille hier verschlungen von einem riesigen Industrie-Areal. Zwischen Borgfelde und Billwerder sind die Uferbereiche kaum noch zugänglich. Ein verzweigtes Kanalsystem ermöglicht es, die Zubringer-Schuten mit ihren Rohstoffen und Produkten an die Fabrikanlagen zu fahren. Die Bille ist ein Teil davon. Ich habe mich auf die Suche nach Wegen gemacht, um meinem Lieblingsgewässer zu folgen.

Lärmender Straßenverkehr, brummende Lastwagen, Lieferverkehr aller Art überquert die Brücken. Hier sehe ich bestätigt, dass Hamburg die Stadt mit den meisten Brücken (‚www.hamburg.de': ca. 2500) sein soll. Laut ‚Wissen.de' gilt das zumindest für Europa, nämlich so viel wie Venedig und Amsterdam zusammen. Ich habe in den letzten Jahren in und um die Bille eine beachtliche Anzahl von Brücken überqueren müssen. Nach der Amsinckstraße radele ich zur Schwarzen Brücke am Heidenkampsweg. Links und rechts des Ufers dampfende Industrie-Aggregate.

Nicht zu übersehen, auf dem Weg zur Grünen Brücke, ist das Betonwerk Lebbin. Auf dem Weg ins Büro blickte ich jahrelang aus der S-Bahn hinunter auf die imposante Anlage, an deren Kaimauer die großen Sandschuten entladen wurden. Wie von vier weiteren Standorten aus, wird hier die norddeutsche Region mit Transport-Beton beliefert. Nun erreiche ich die Grüne Brücke und verlasse den letzten Bille-Abschnitt vor der Brandshofer Schleuse. Am Uferstreifen wächst in Abschnitten wieder Schilfgras. Eine Bank gewährt den Blick auf die breiter werdende Bille und lädt zum Verweilen ein. Ich mache mir Notizen. ■

Schuten bestimmen hier das Bild. Die Wirtschaft läuft gut an der Bille.

Beton für die Region kommt von der Bille.

Auf Wiedersehen, meine Bille!

▶ Du hast mich mit deinen allerschönsten Seiten verwöhnt. Was habe ich alles erlebt! Viele Jahre, Monate, Tage und Stunden durfte ich an deinen Ufern verbringen. Du bist ein wahrlich schöner Fluss. Nun kenne ich dich viel besser. Aus Freude über das Privileg, dir immer so nah sein zu dürfen, habe ich dieses Buch zusammengestellt. Mögen alle, die hineinschauen und darin blättern an den Bildern sowie den vielen kleinen Geschichten ihre Freude haben. ■

Ein letzter Blick auf die Schleuse, durch deren Tor die Bille in die Elbe fließt.

Zu guter Letzt!

▶ Was bleibt nachzutragen? Nun, ein letzter kleiner Schlenker sei mir gestattet. Oft habe ich gezweifelt, denn anfangs machte ich mir ständig Gedanken darüber welches Konzept das richtige wäre. Schließlich habe ich mich im ziemlich fortgeschrittenen Stadium festgelegt. Ich wollte mein Billebuch so gestalten, als erzählte ich einem interessierten Zuhörer in persönlichen Worten, garniert mit Fotos viele kleine Billegeschichten. Meine langjährigen Exkursionen sollten erkennbar auf den 384 Seiten rüberkommen.

Diese Ausflüge hatten es in sich. Das Einzugsgebiet der Bille mit über 500 Quadratkilometern wollte und musste ich unbedingt kennenlernen. Zuerst war es ein ständiges Sammeln. Mehrfach besuchte ich die Quelle und radelte über holprige Feldwege an die entlegendsten Stellen, um dem Flusslauf auf die Spur zu kommen. Mal stand ich auf Brücken und sah dem dahinfließenden Wasser nach, mal stapfte ich über Felder und Wiesen, um an die Bille und ihre unzähligen Neben-, Quell- und Zuflüsse zu gelangen. Oder ich blickte gedankenversunken in brackiges Bille-Industriewasser. Auf meiner Orientierungskarte machte ich bald Haken für Haken und hatte schon nach wenigen Jahren ein Päckchen an Fotos und Informationen zusammen.

In der nächsten Phase begann ich, parallel zu weiteren Erkundungen vor Ort, die ersten Texte und Bilder zu Buchseiten zusammenzustellen. Bald hatte ich die ersten ‚Module' aufgebaut und merkte, dass es klappen könnte. Auch wenn ich das Layout und die disponierten Geschichten mehrfach änderte oder anpasste, hatte ich dennoch zügig die ersten 80 bis 100 Seiten fertiggestellt. Ich blieb dran.

Während der ersten Jahre war ich noch berufstätig und als Familienmensch waren andere Dinge oft wichtiger. Begleiterscheinung dieser Unterbrechungen war, dass ich immer an mein Billebuch dachte. Und sobald sich kleine Freiräume ergaben, machte ich weiter. Nach Eintritt in den Ruhestand 2010 nahm mein Bille-Projekt wieder Fahrt auf. Familie, Freunde und Bekannte ‚feuerten' mich an, nicht aufzugeben. Das Buch nahm Gestalt an und mehr und mehr fertige Seiten füllten den Bille-Ordner auf meinem ‚iMac'.

Ich glaube, besonders in den letzten Jahren habe ich meine Angehörigen oft genervt, wenn ich andere Aufgaben erledigen musste, anstatt in meinem Arbeitszimmer am Mac zu sitzen. Gelegentlich hatte ich sogar gewagt, einen Termin zu nennen, wann das Ergebnis vorliege. Musste mich aber alsbald korrigieren und meine Vorhersage ändern. Als Franziska Klotz eine Reportage über mich und mein Billebuch in einer lokalen Zeitung veröffentlichte, stieg meine Nervosität. Würde ich es überhaupt noch schaffen? Ich gebe zu, am Ende war es äußerst anstrengend, die Selbstmotivation aufrecht zu erhalten.

Gemessen an den Mitteln und Möglichkeiten, die mir zur Verfügung standen, denke ich, kann sich das Ergebnis sehen lassen. Ich habe bis heute weit über 12.000 Fotos gemacht, davon rund 550 in diesem Buch verwendet. Rund 200 kleinere und etwas größere Geschichten habe ich geschrieben. Zusammengestellt, verworfen, neue Fotos, neue Fakten ermittelt und laufend eingepasst. Ich habe bestimmt auch einiges nicht berücksichtigt oder schlicht vergessen. Man möge nachsichtig mit mir sein. Mein guter Wille war allzeit vorhanden.

An dieser Stelle möchte ich aber auch meinen Dank aussprechen. All jenen persönlichen und virtuellen Partnern und Freunden, die mich wohlwollend mit Zuspruch und gelegentlich mit Zutaten versorgt haben. Darauf war ich natürlich auch angewiesen und für so ein umfangreiches Projekt ist jede Quelle, jeder Tipp, Gespräche und verlässliche Hilfestellung nötig. ■

Berndt Fischbeck, 2016